U0338860

博物艺术志

明清时代的盆景艺术图谱

五月——编

人民文学出版社
PEOPLE'S LITERATURE PUBLISHING HOUSE

图书在版编目（CIP）数据

明清时代的盆景艺术图谱 / 五月编 . -- 北京 : 人民文学出版社, 2021
（99 博物艺术志）
ISBN 978-7-02-014904-9

Ⅰ. ①明… Ⅱ. ①五… Ⅲ. ①盆景－观赏园艺－中国－明清时代－图谱 Ⅳ. ①S688.1-64

中国版本图书馆 CIP 数据核字 (2019) 第 015327 号

责任编辑　卜艳冰　张玉贞
装帧设计　李苗苗

出版发行　人民文学出版社
社　　址　北京市朝内大街 166 号
邮政编码　100705

印　　刷　上海盛通时代印刷有限公司
经　　销　全国新华书店等

字　　数　5 千字
开　　本　787 毫米 ×1092 毫米　1/16
印　　张　13.25
版　　次　2021 年 6 月北京第 1 版
印　　次　2021 年 6 月第 1 次印刷

书　　号　978-7-02-014904-9
定　　价　188.00 元

如有印装质量问题，请与本社图书销售中心调换。电话：010—65233595

出版说明

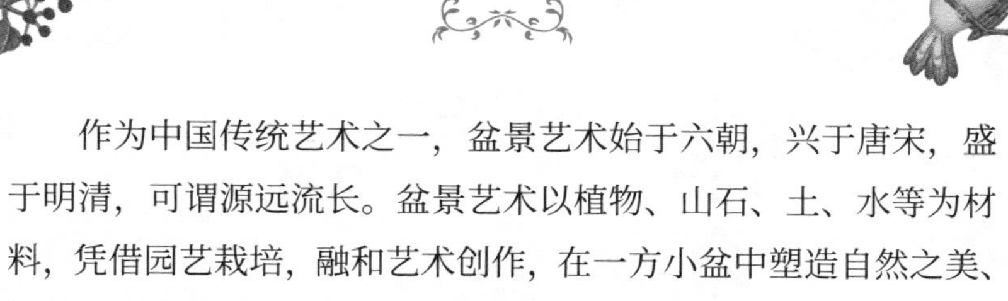

作为中国传统艺术之一，盆景艺术始于六朝，兴于唐宋，盛于明清，可谓源远流长。盆景艺术以植物、山石、土、水等为材料，凭借园艺栽培，融和艺术创作，在一方小盆中塑造自然之美、抒发创作者的情怀、展现深远的意境，有缩地成寸、小中见大的艺术效果。

清乾隆二十一年（1756）始，广州成为中国唯一对外通商口岸，对外交流频繁。对外通商的繁荣促进了广州与海外的文化交流，这一时期的欧洲也曾掀起对“中国趣味”的喜爱和追捧。于是，广州逐渐出现了专门摹学西方绘画技法绘制外销画的职业画家群体。绘画技法虽摹学西方，但外销画的内容仍多是展现中国的自然景观、风土人情和日常生活。盆景艺术浓缩地展现了中国文化的特质，所以，外销画中的盆景艺术画深受欧洲人的喜爱。

本书所收盆景艺术图谱 100 例，就是绘制于 18 世纪的外销画：上半部以鸟类和花卉为题材；下半部以昆虫和果木为题材。画中盆景将单种或多种花草以及山石“移植嫁接”于一花盆中，又有鸟儿、昆虫等嬉戏其间，生机盎然，趣味十足；整体上兼具纪实与观赏的功能，同时又饱含吉祥、富贵等寓意。

这些外销画虽绘于 18 世纪，但大致反映了明清时期流行的盆景艺术风格。今天，从这些盆景艺术外销画中，我们既可欣赏中国盆景艺术之美，感受中西绘画融合之味，也能窥见清代中国人的生活图景。

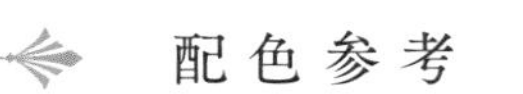

配色参考

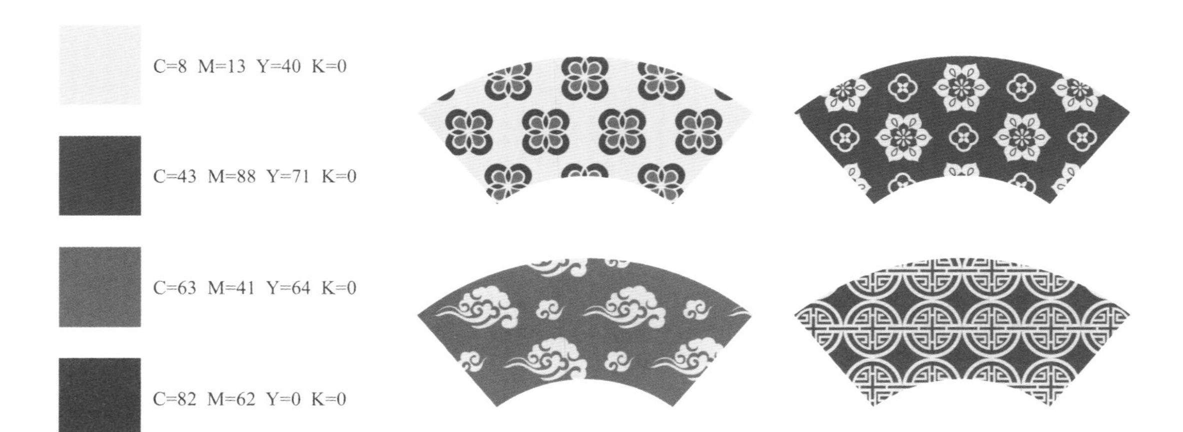
C=8 M=13 Y=40 K=0
C=43 M=88 Y=71 K=0
C=63 M=41 Y=64 K=0
C=82 M=62 Y=0 K=0

配色参考

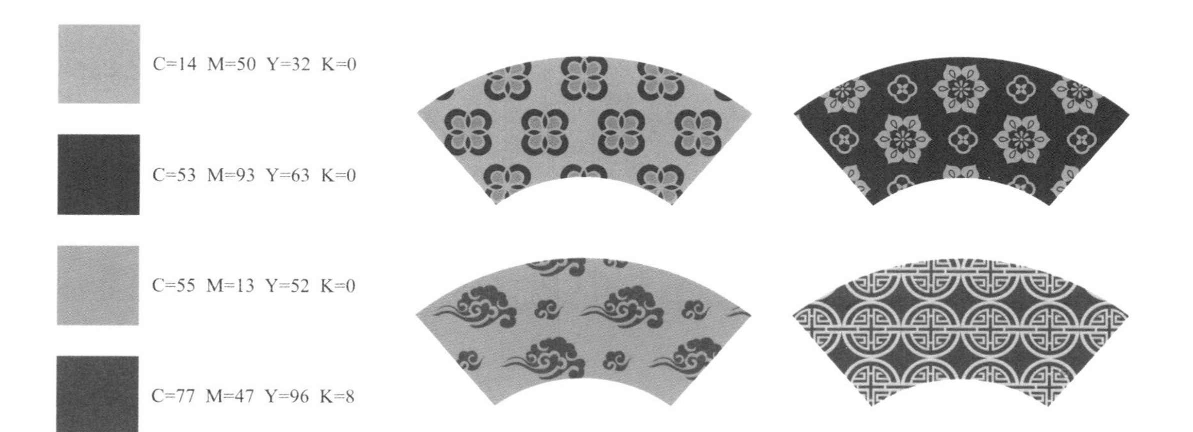
C=14 M=50 Y=32 K=0
C=53 M=93 Y=63 K=0
C=55 M=13 Y=52 K=0
C=77 M=47 Y=96 K=8

配色参考

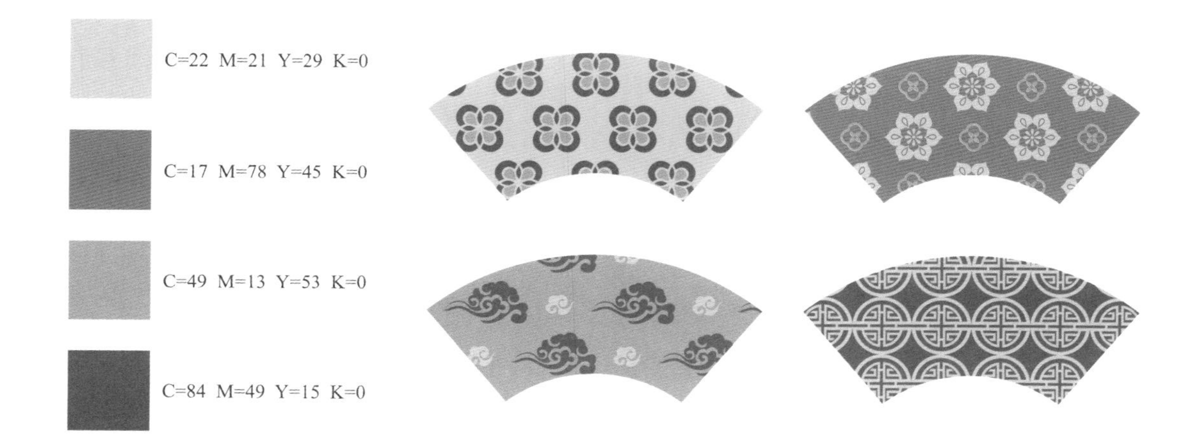
C=22 M=21 Y=29 K=0
C=17 M=78 Y=45 K=0
C=49 M=13 Y=53 K=0
C=84 M=49 Y=15 K=0

配色参考

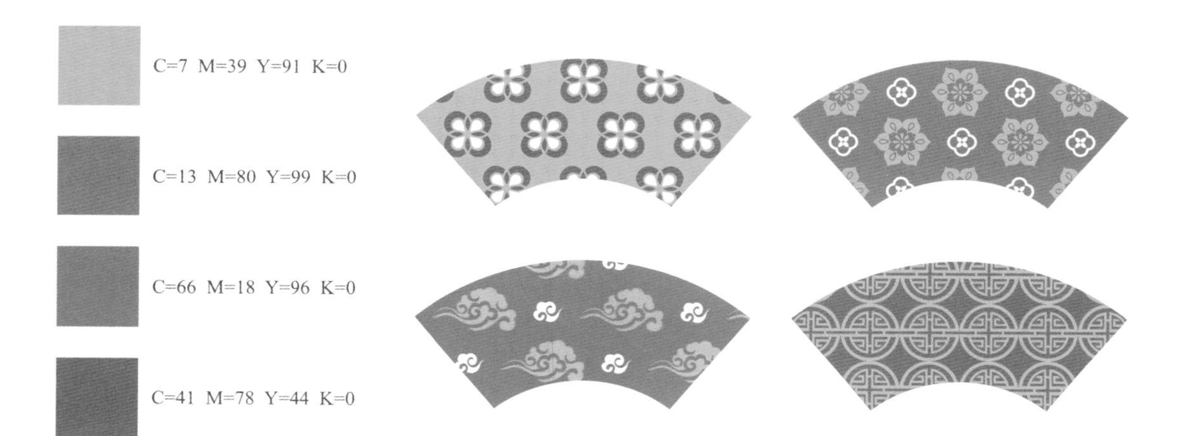
C=7 M=39 Y=91 K=0
C=13 M=80 Y=99 K=0
C=66 M=18 Y=96 K=0
C=41 M=78 Y=44 K=0

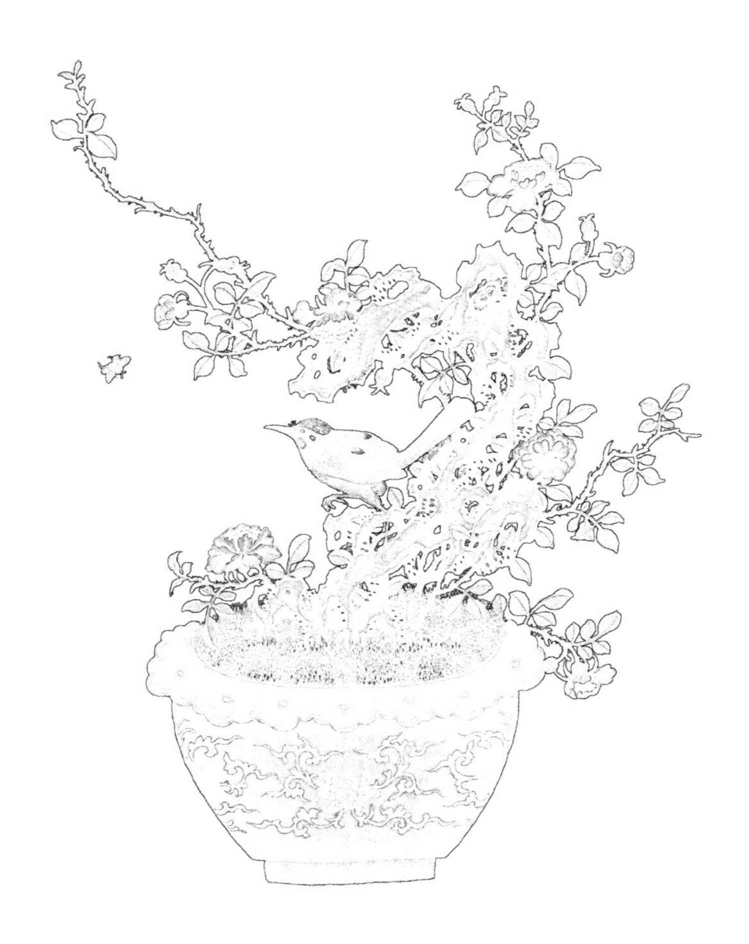

配色参考

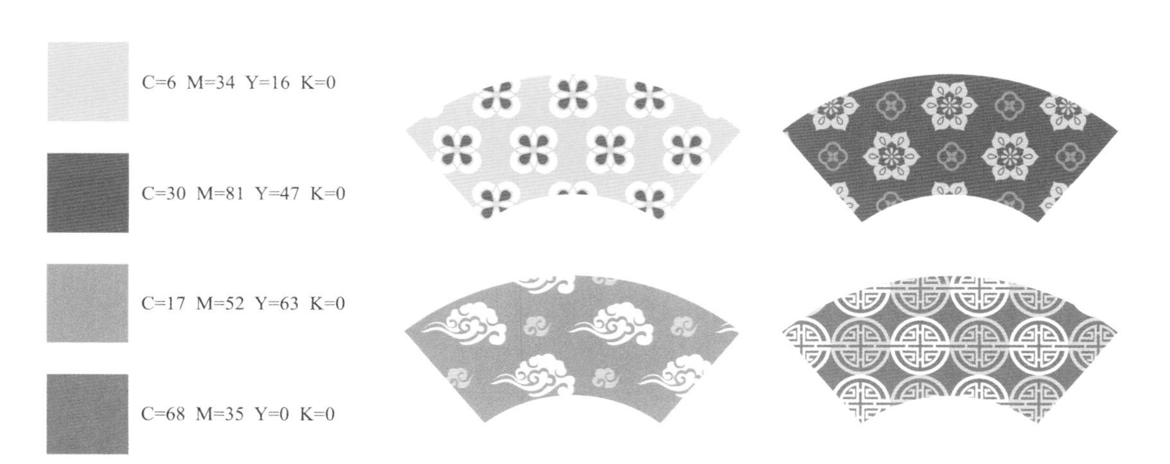
C=6 M=34 Y=16 K=0
C=30 M=81 Y=47 K=0
C=17 M=52 Y=63 K=0
C=68 M=35 Y=0 K=0

配色参考

C=21 M=82 Y=49 K=0
C=36 M=35 Y=73 K=0
C=70 M=35 Y=75 K=0
C=84 M=49 Y=15 K=0

配色参考

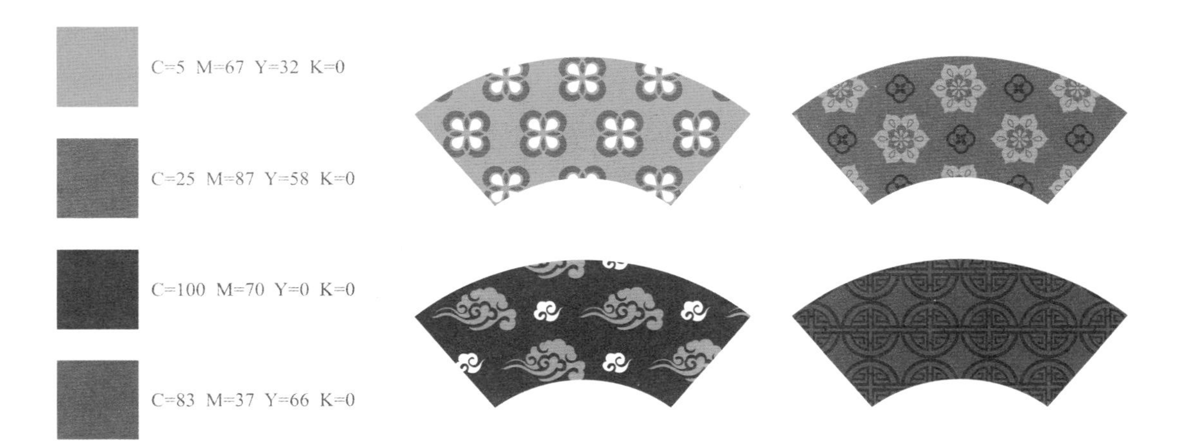

C=5 M=67 Y=32 K=0
C=25 M=87 Y=58 K=0
C=100 M=70 Y=0 K=0
C=83 M=37 Y=66 K=0

配色参考

C=7 M=3 Y=68 K=0
C=0 M=52 Y=95 K=0
C=34 M=71 Y=42 K=0
C=63 M=37 Y=95 K=0

配色参考

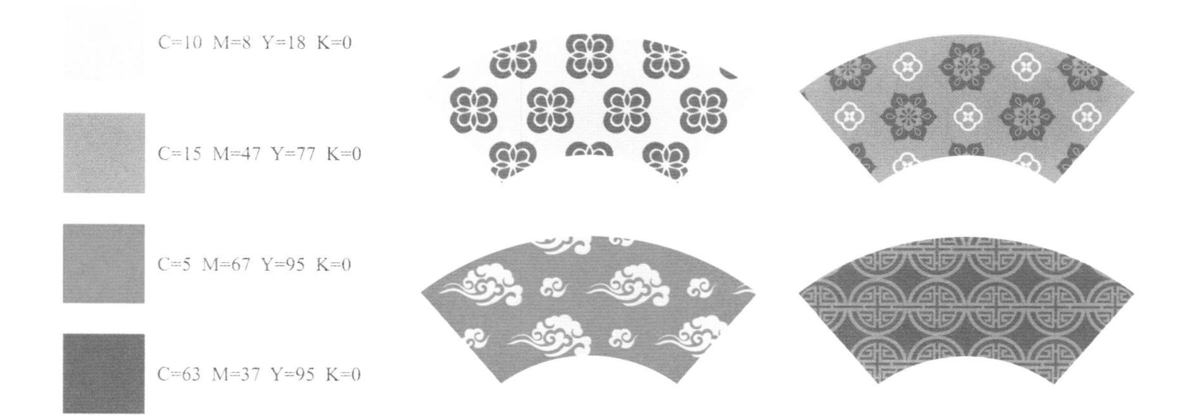
C=10 M=8 Y=18 K=0
C=15 M=47 Y=77 K=0
C=5 M=67 Y=95 K=0
C=63 M=37 Y=95 K=0

配色参考

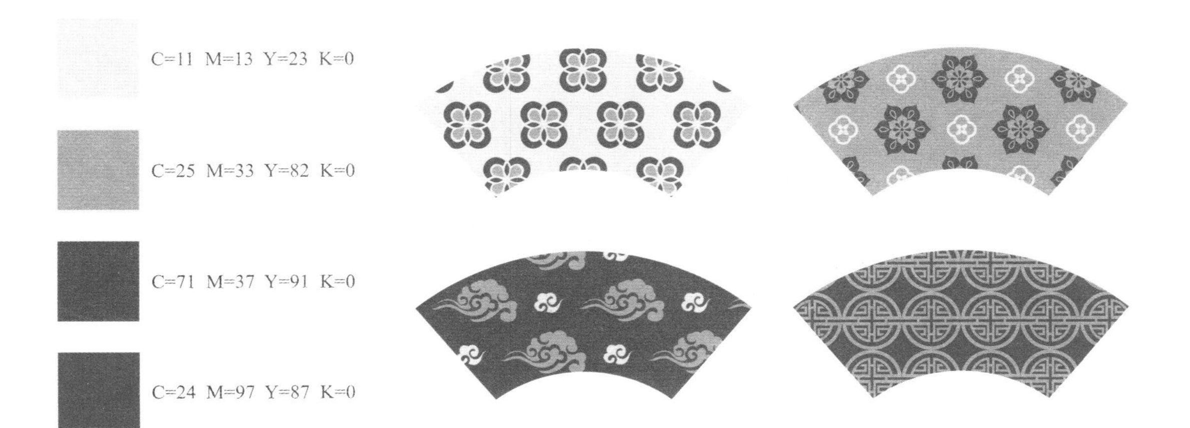
C=11 M=13 Y=23 K=0
C=25 M=33 Y=82 K=0
C=71 M=37 Y=91 K=0
C=24 M=97 Y=87 K=0

配色参考

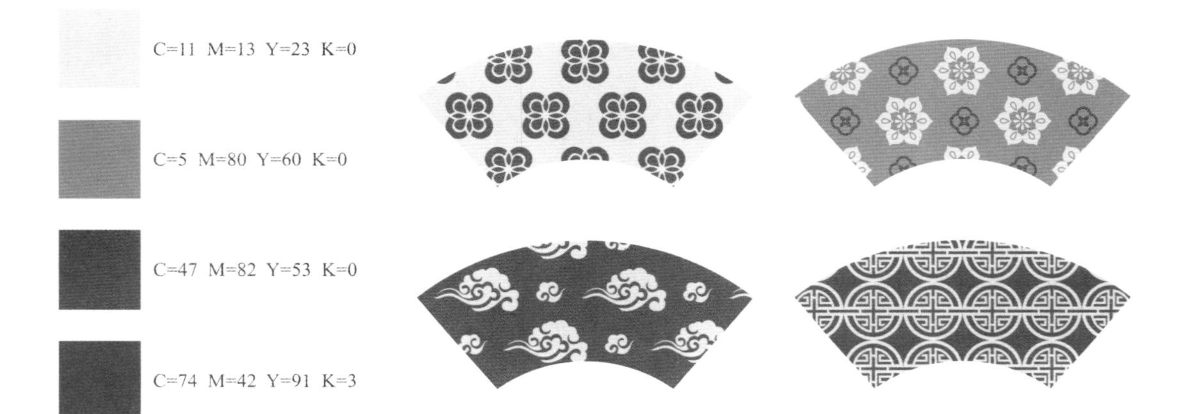

C=11 M=13 Y=23 K=0
C=5 M=80 Y=60 K=0
C=47 M=82 Y=53 K=0
C=74 M=42 Y=91 K=3

配色参考

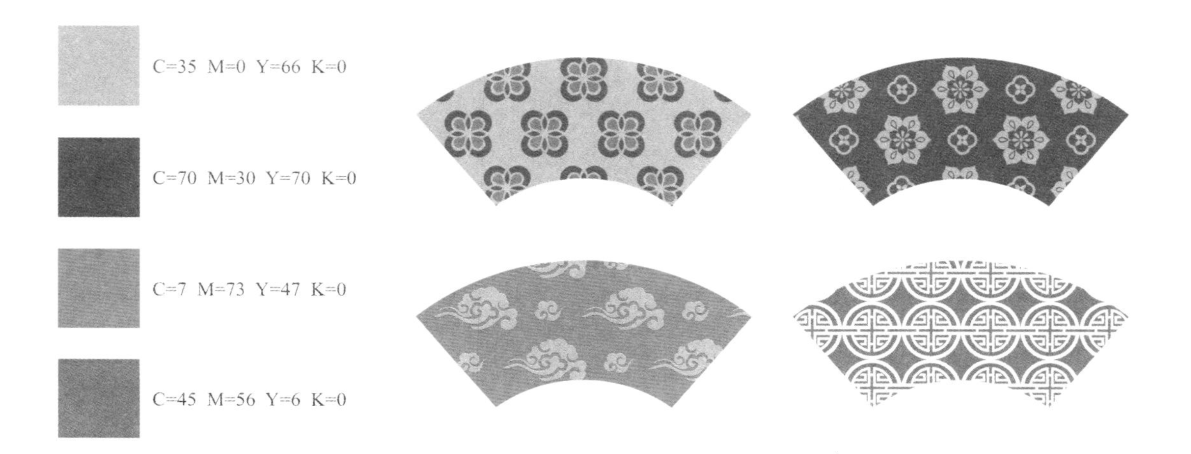
C=35 M=0 Y=66 K=0
C=70 M=30 Y=70 K=0
C=7 M=73 Y=47 K=0
C=45 M=56 Y=6 K=0

配色参考

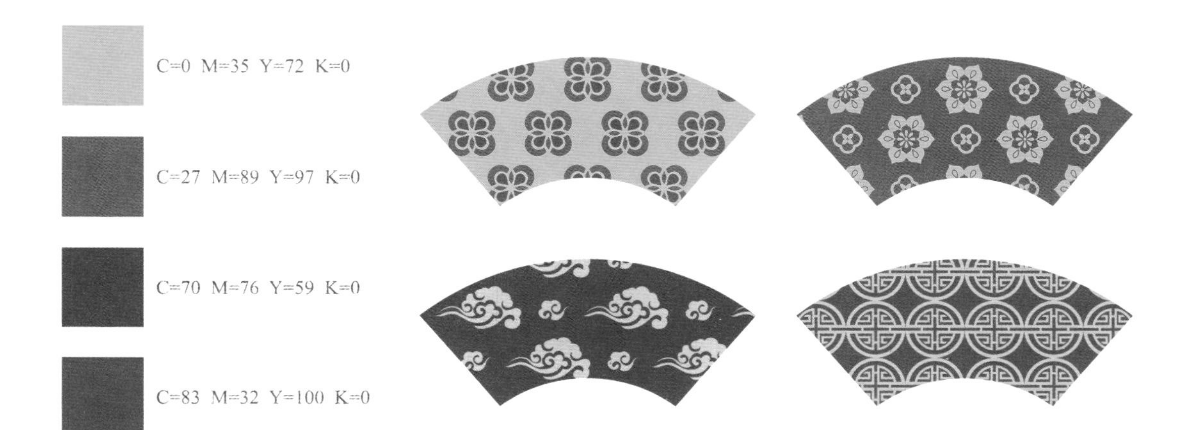
C=0 M=35 Y=72 K=0
C=27 M=89 Y=97 K=0
C=70 M=76 Y=59 K=0
C=83 M=32 Y=100 K=0

配色参考

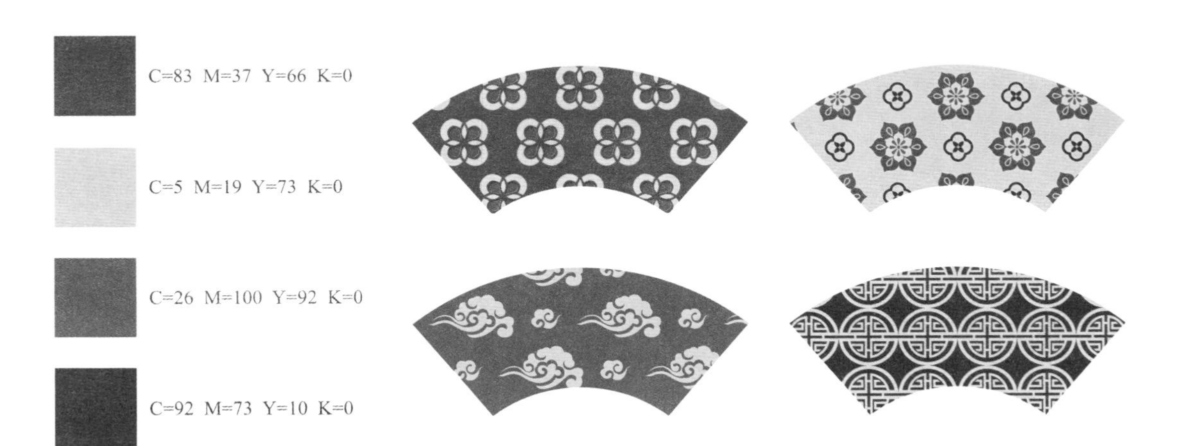

C=83 M=37 Y=66 K=0
C=5 M=19 Y=73 K=0
C=26 M=100 Y=92 K=0
C=92 M=73 Y=10 K=0

配色参考

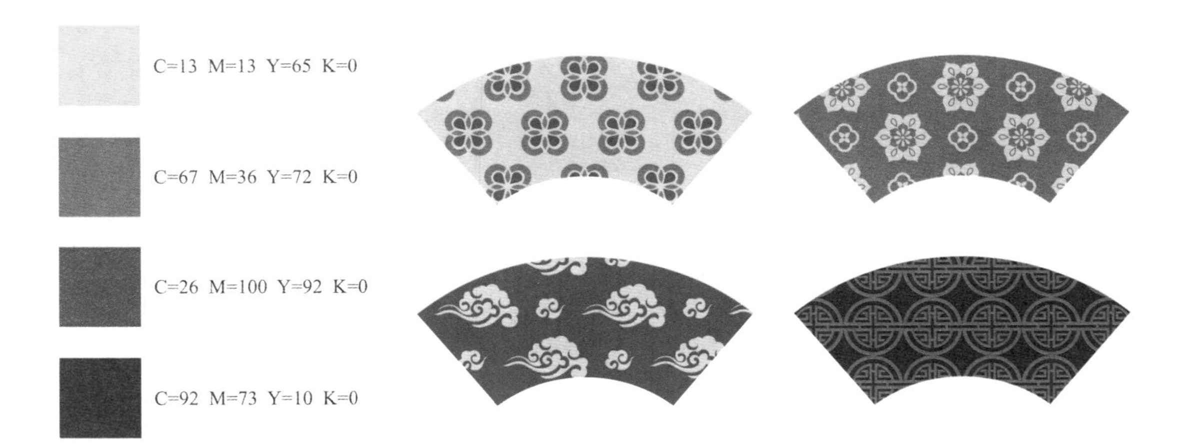
C=13 M=13 Y=65 K=0
C=67 M=36 Y=72 K=0
C=26 M=100 Y=92 K=0
C=92 M=73 Y=10 K=0

配色参考

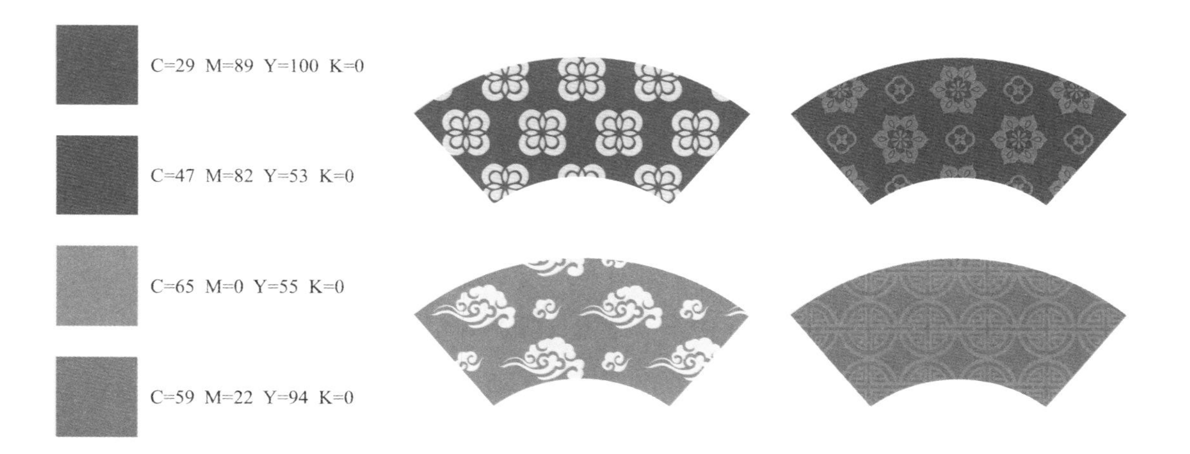
C=29 M=89 Y=100 K=0
C=47 M=82 Y=53 K=0
C=65 M=0 Y=55 K=0
C=59 M=22 Y=94 K=0

配色参考

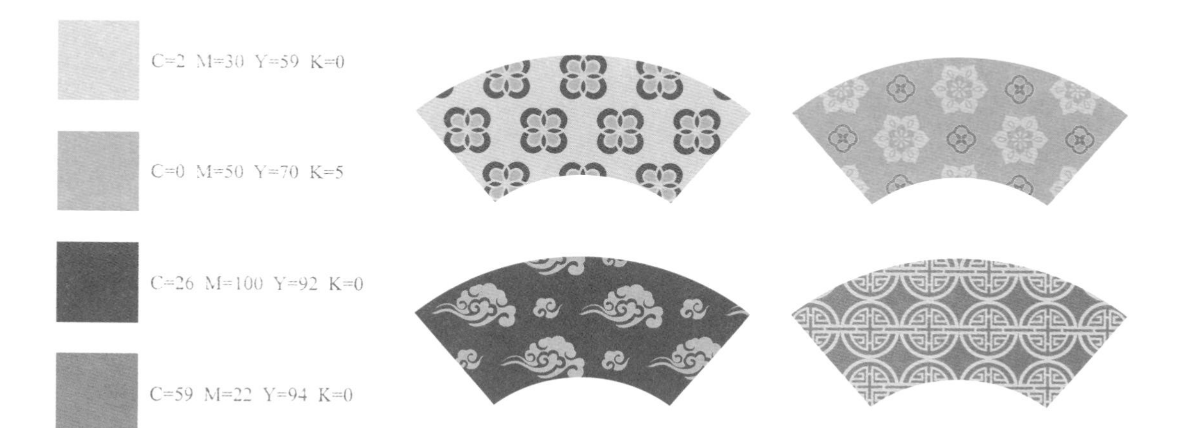
C=2 M=30 Y=59 K=0
C=0 M=50 Y=70 K=5
C=26 M=100 Y=92 K=0
C=59 M=22 Y=94 K=0

配色参考

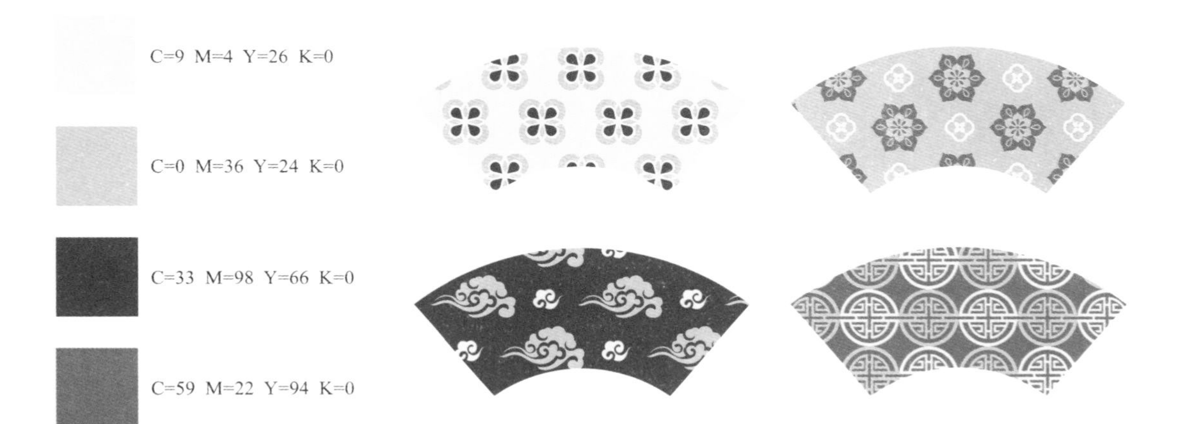
C=9 M=4 Y=26 K=0
C=0 M=36 Y=24 K=0
C=33 M=98 Y=66 K=0
C=59 M=22 Y=94 K=0

配 色 参 考

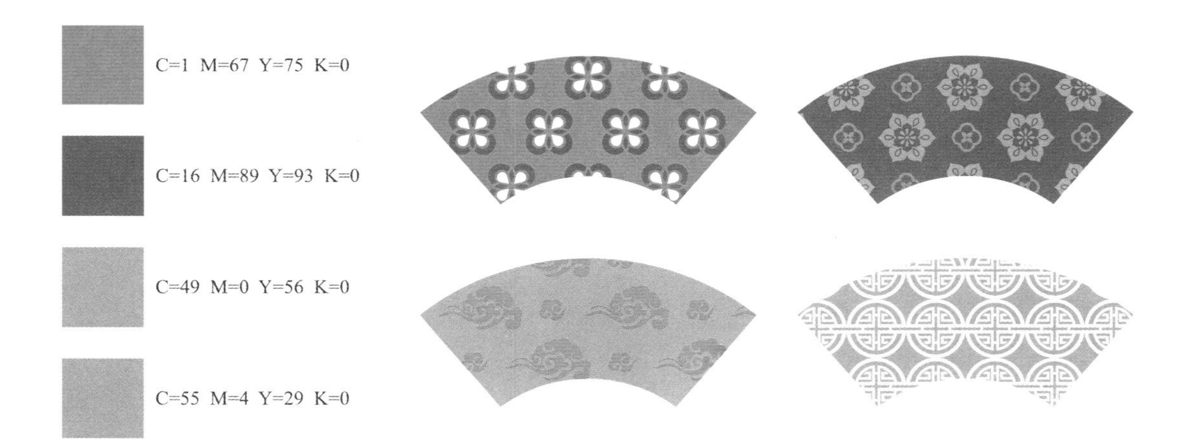
C=1 M=67 Y=75 K=0
C=16 M=89 Y=93 K=0
C=49 M=0 Y=56 K=0
C=55 M=4 Y=29 K=0

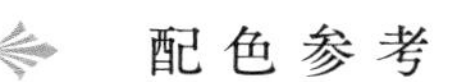

配色参考

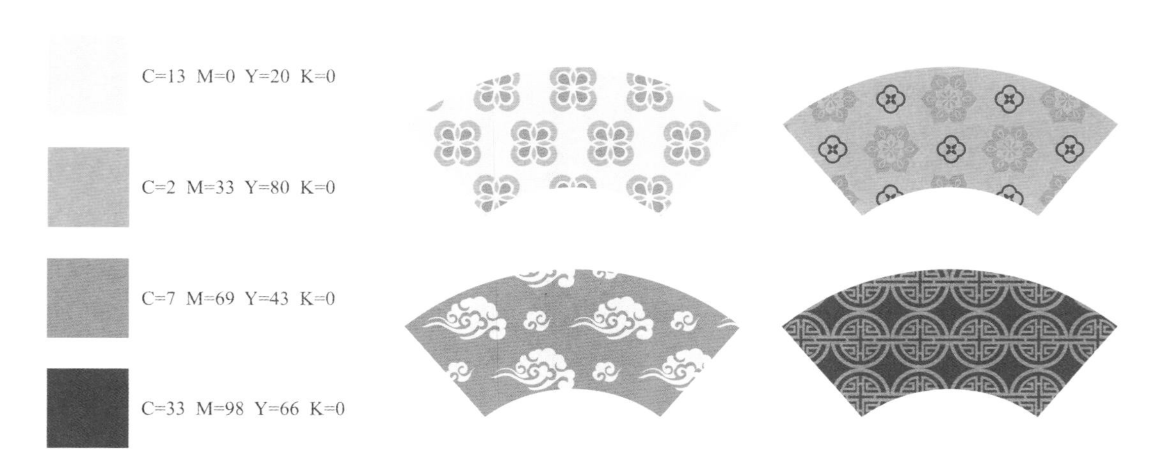

C=13 M=0 Y=20 K=0
C=2 M=33 Y=80 K=0
C=7 M=69 Y=43 K=0
C=33 M=98 Y=66 K=0

配色参考

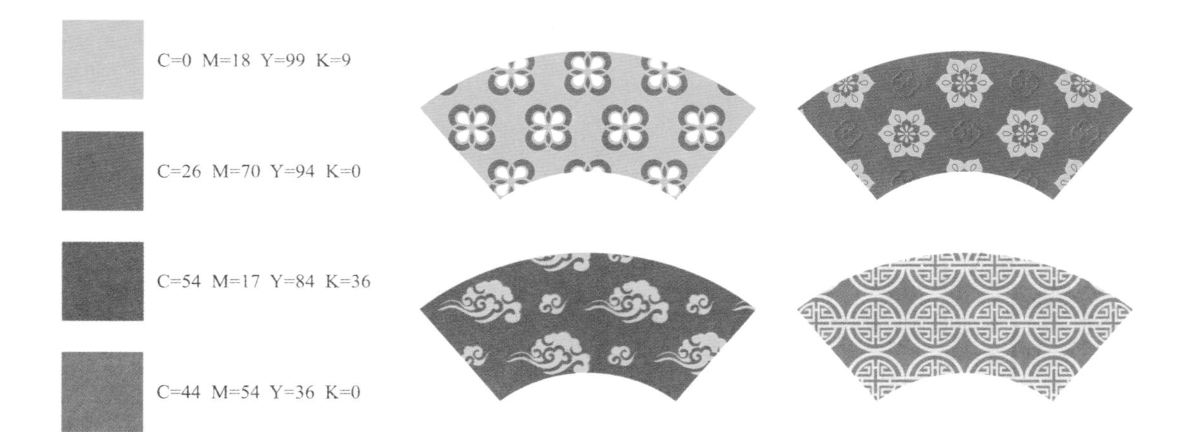

C=0 M=18 Y=99 K=9
C=26 M=70 Y=94 K=0
C=54 M=17 Y=84 K=36
C=44 M=54 Y=36 K=0

配色参考

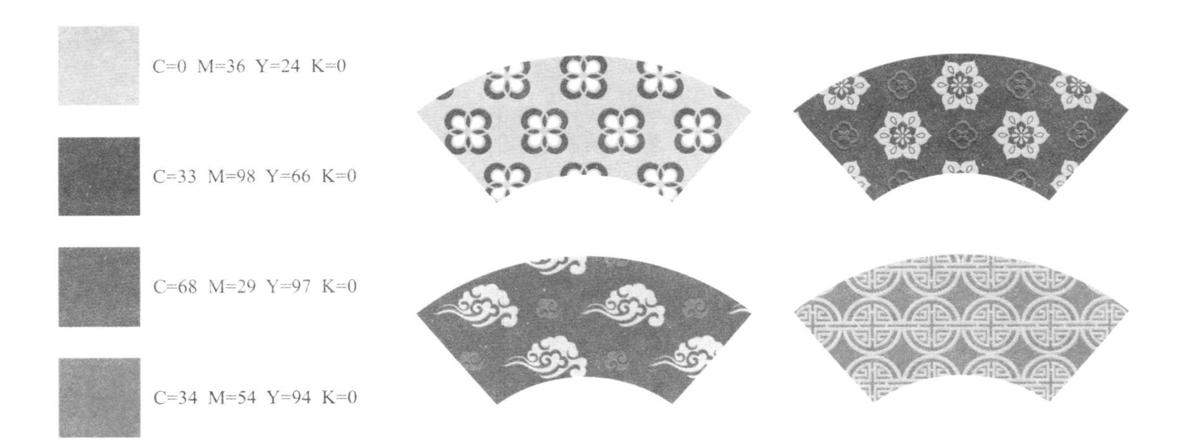
C=0 M=36 Y=24 K=0
C=33 M=98 Y=66 K=0
C=68 M=29 Y=97 K=0
C=34 M=54 Y=94 K=0

配色参考

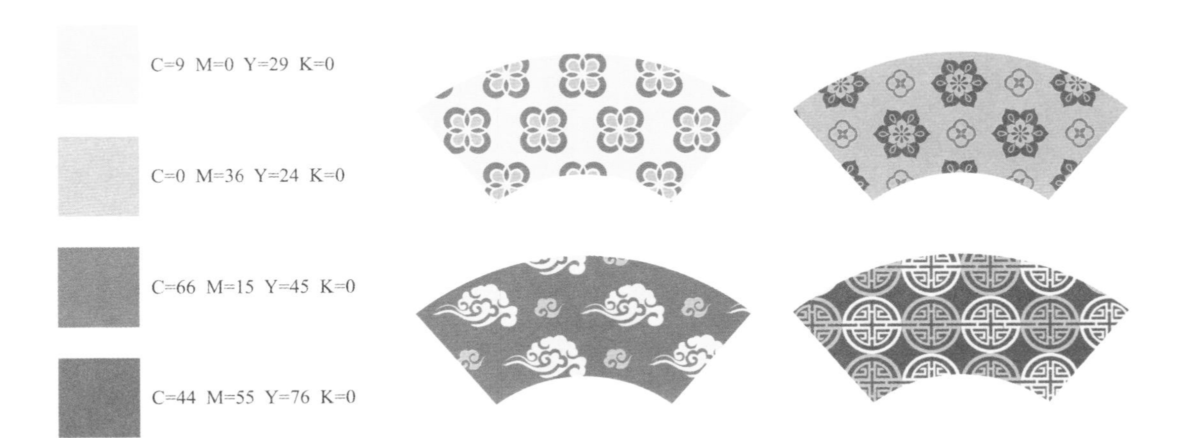
C=9 M=0 Y=29 K=0
C=0 M=36 Y=24 K=0
C=66 M=15 Y=45 K=0
C=44 M=55 Y=76 K=0

配色参考

C=16 M=48 Y=82 K=19
C=33 M=98 Y=66 K=0
C=32 M=14 Y=24 K=0
C=70 M=24 Y=43 K=0

配色参考

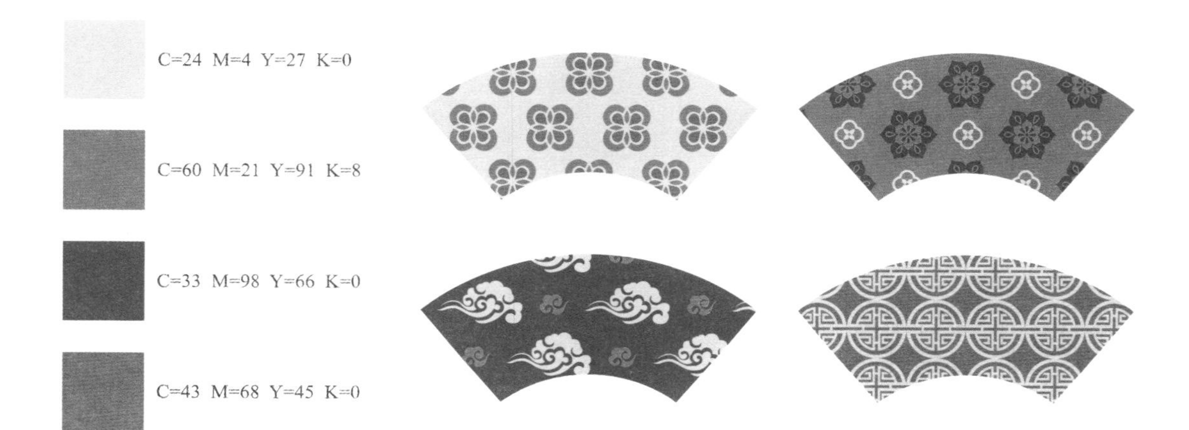
C=24 M=4 Y=27 K=0
C=60 M=21 Y=91 K=8
C=33 M=98 Y=66 K=0
C=43 M=68 Y=45 K=0

配色参考

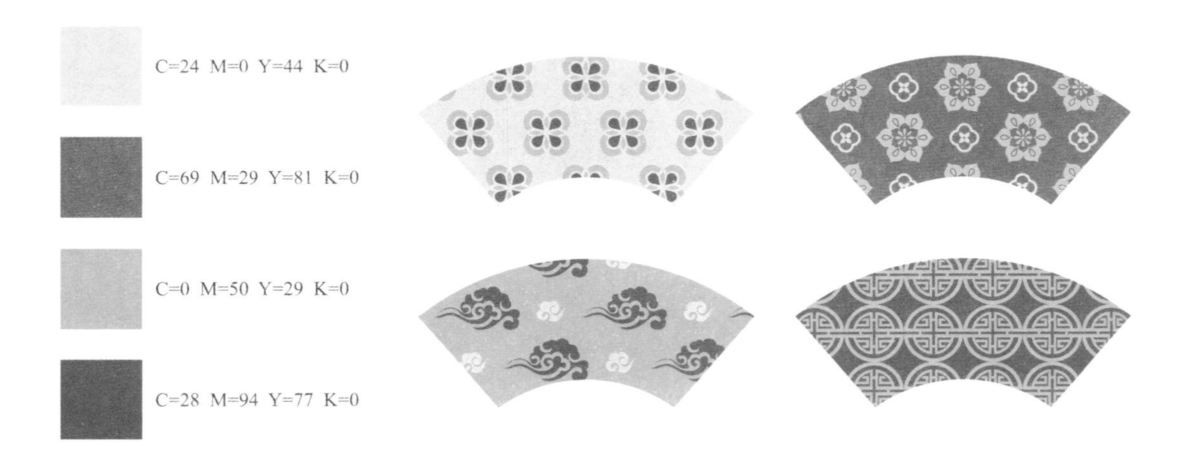
C=24 M=0 Y=44 K=0
C=69 M=29 Y=81 K=0
C=0 M=50 Y=29 K=0
C=28 M=94 Y=77 K=0

配色参考

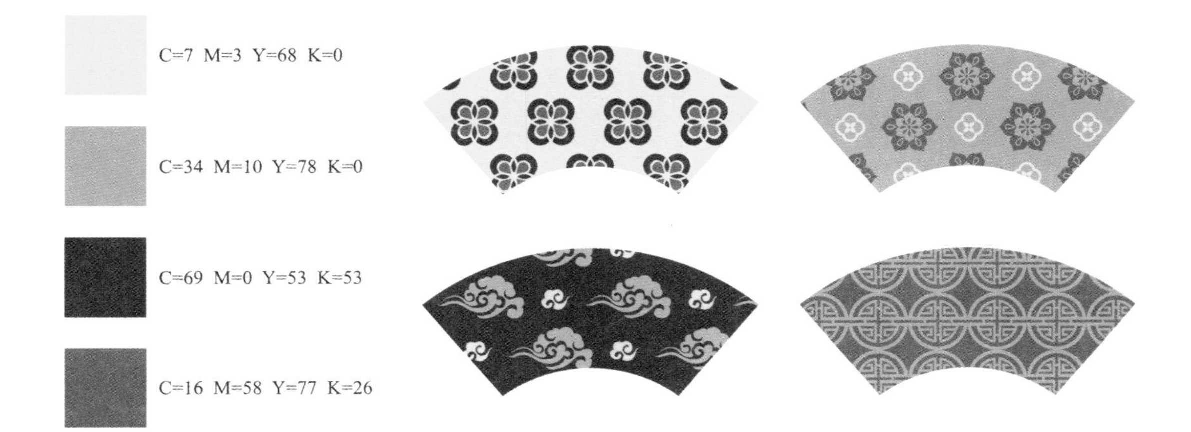
C=7 M=3 Y=68 K=0
C=34 M=10 Y=78 K=0
C=69 M=0 Y=53 K=53
C=16 M=58 Y=77 K=26

配色参考

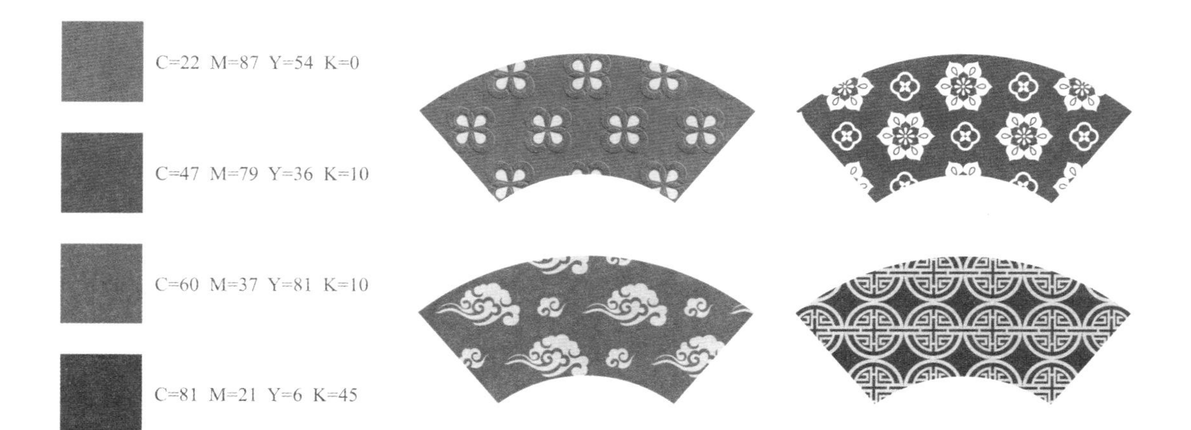
C=22 M=87 Y=54 K=0
C=47 M=79 Y=36 K=10
C=60 M=37 Y=81 K=10
C=81 M=21 Y=6 K=45

配色参考

C=16 M=84 Y=57 K=0
C=39 M=59 Y=82 K=0
C=63 M=27 Y=81 K=0
C=84 M=45 Y=31 K=0

配色参考

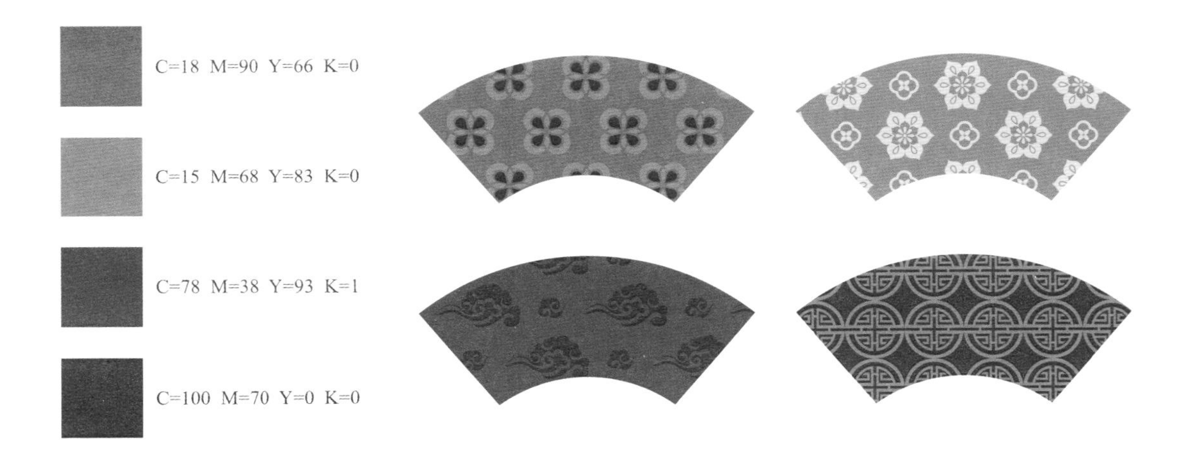
C=18 M=90 Y=66 K=0
C=15 M=68 Y=83 K=0
C=78 M=38 Y=93 K=1
C=100 M=70 Y=0 K=0

配色参考

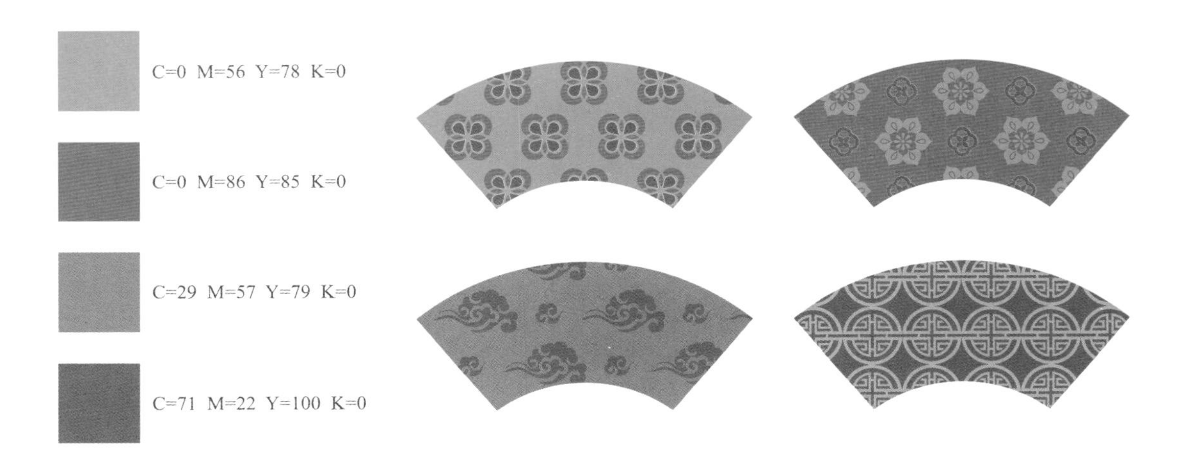
C=0 M=56 Y=78 K=0
C=0 M=86 Y=85 K=0
C=29 M=57 Y=79 K=0
C=71 M=22 Y=100 K=0

配色参考

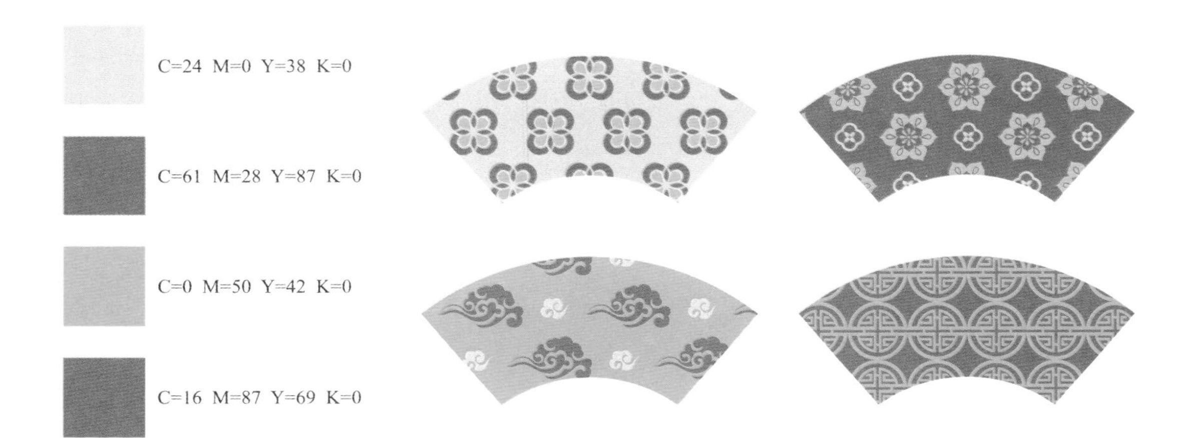
C=24 M=0 Y=38 K=0
C=61 M=28 Y=87 K=0
C=0 M=50 Y=42 K=0
C=16 M=87 Y=69 K=0

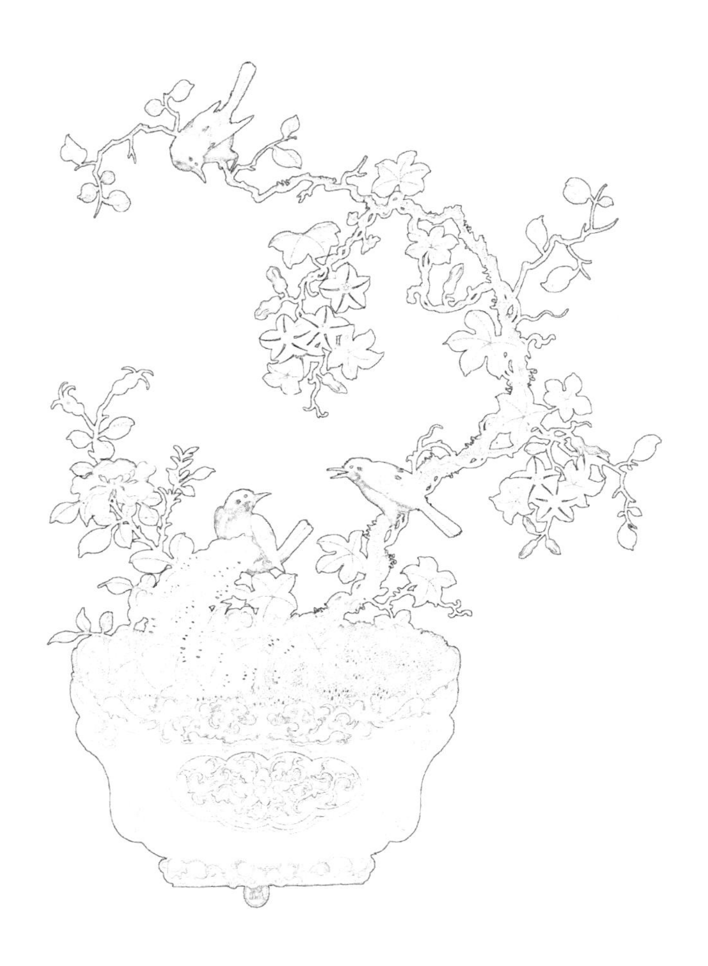

配色参考

C=5 M=76 Y=59 K=0
C=57 M=3 Y=45 K=0
C=61 M=28 Y=87 K=0
C=87 M=87 Y=0 K=0

配色参考

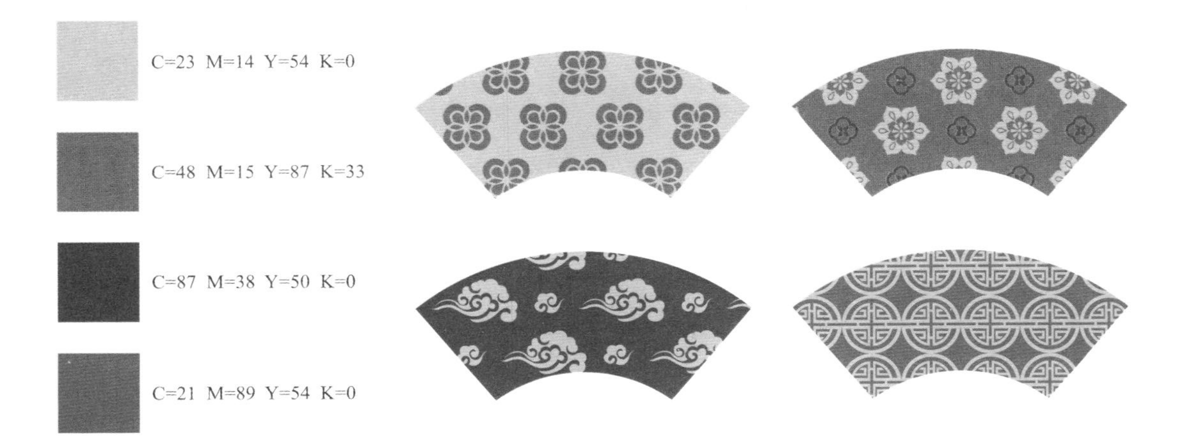
C=23 M=14 Y=54 K=0
C=48 M=15 Y=87 K=33
C=87 M=38 Y=50 K=0
C=21 M=89 Y=54 K=0

配色参考

C=13 M=0 Y=31 K=0
C=48 M=15 Y=87 K=33
C=96 M=84 Y=22 K=0
C=20 M=95 Y=70 K=0

配色参考

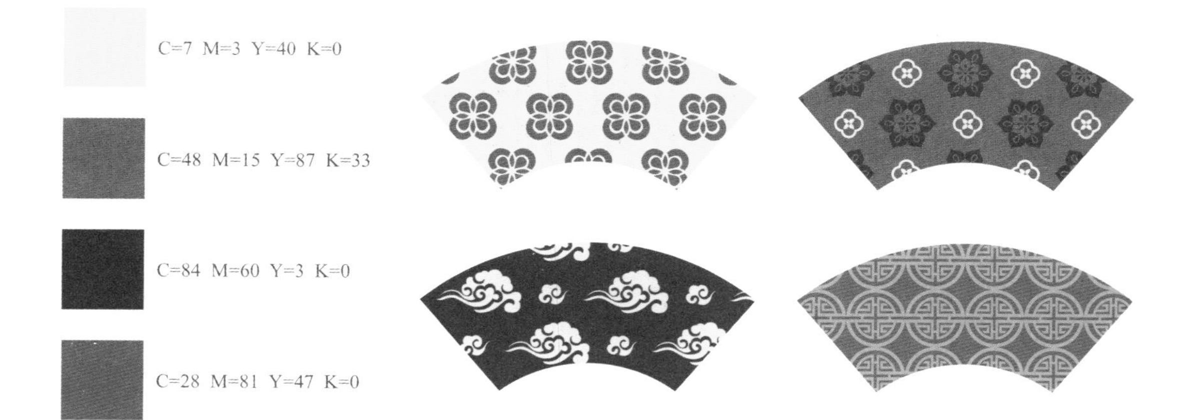
C=7 M=3 Y=40 K=0
C=48 M=15 Y=87 K=33
C=84 M=60 Y=3 K=0
C=28 M=81 Y=47 K=0

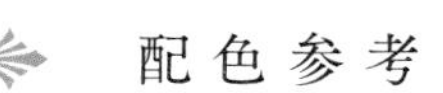

配色参考

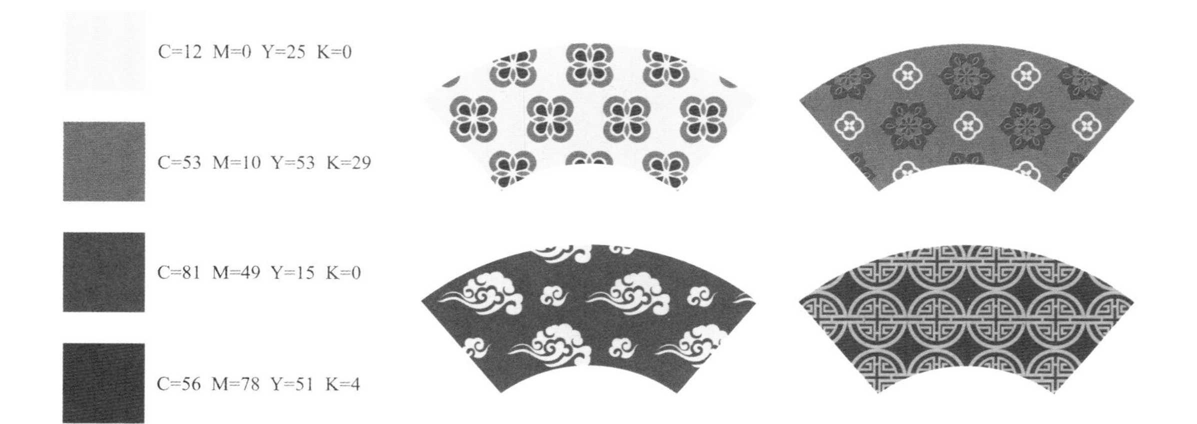
C=12 M=0 Y=25 K=0
C=53 M=10 Y=53 K=29
C=81 M=49 Y=15 K=0
C=56 M=78 Y=51 K=4

配色参考

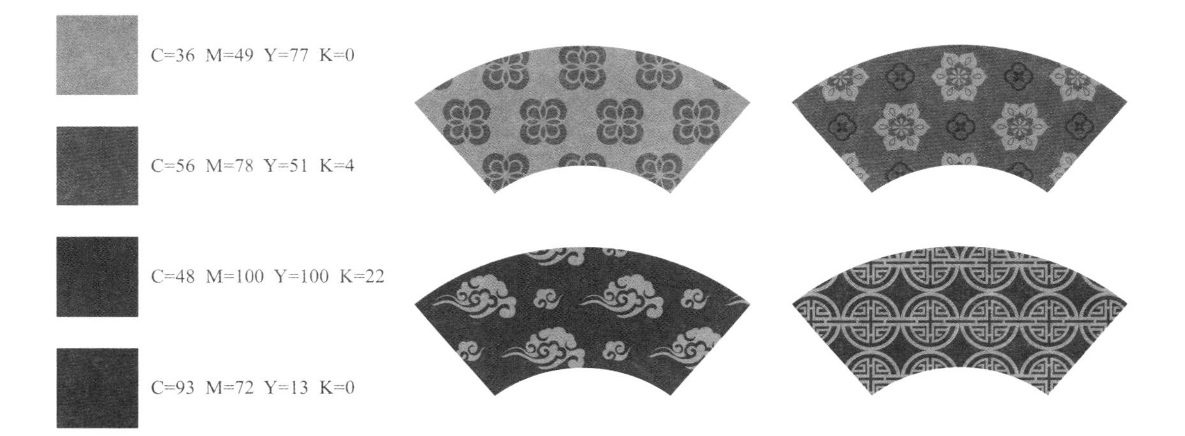
C=36 M=49 Y=77 K=0
C=56 M=78 Y=51 K=4
C=48 M=100 Y=100 K=22
C=93 M=72 Y=13 K=0

配色参考

C=23 M=0 Y=33 K=0
C=68 M=27 Y=90 K=10
C=23 M=96 Y=81 K=0
C=96 M=71 Y=14 K=11

配色参考

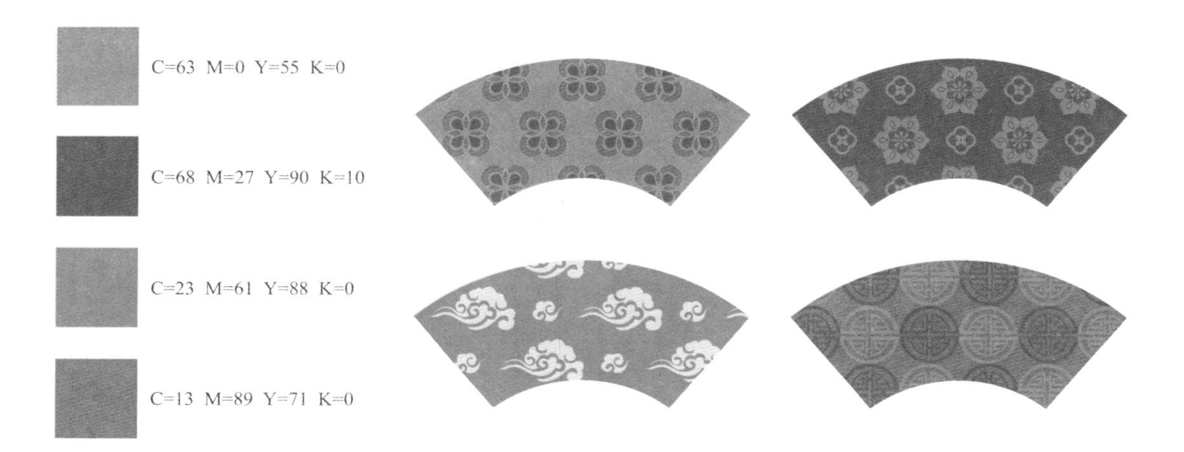
C=63 M=0 Y=55 K=0
C=68 M=27 Y=90 K=10
C=23 M=61 Y=88 K=0
C=13 M=89 Y=71 K=0

配色参考

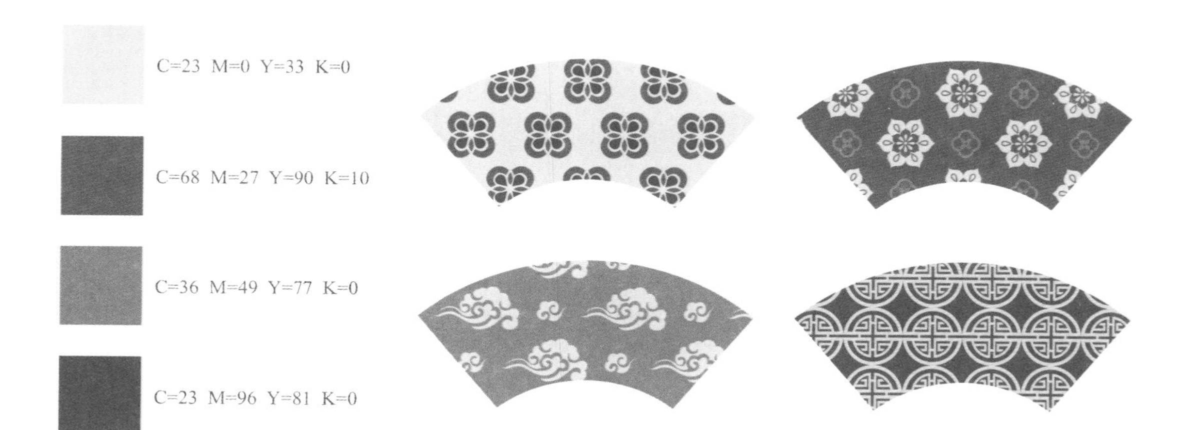
C=23 M=0 Y=33 K=0
C=68 M=27 Y=90 K=10
C=36 M=49 Y=77 K=0
C=23 M=96 Y=81 K=0

配色参考

C=54 M=0 Y=34 K=0
C=68 M=27 Y=90 K=10
C=7 M=46 Y=89 K=35
C=22 M=88 Y=64 K=0

配色参考

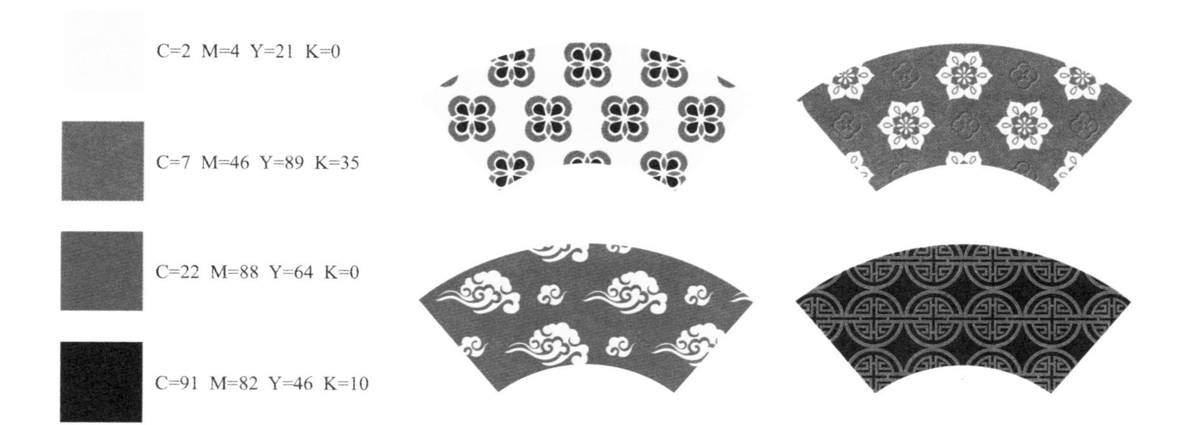
C=2 M=4 Y=21 K=0
C=7 M=46 Y=89 K=35
C=22 M=88 Y=64 K=0
C=91 M=82 Y=46 K=10

B.R

配色参考

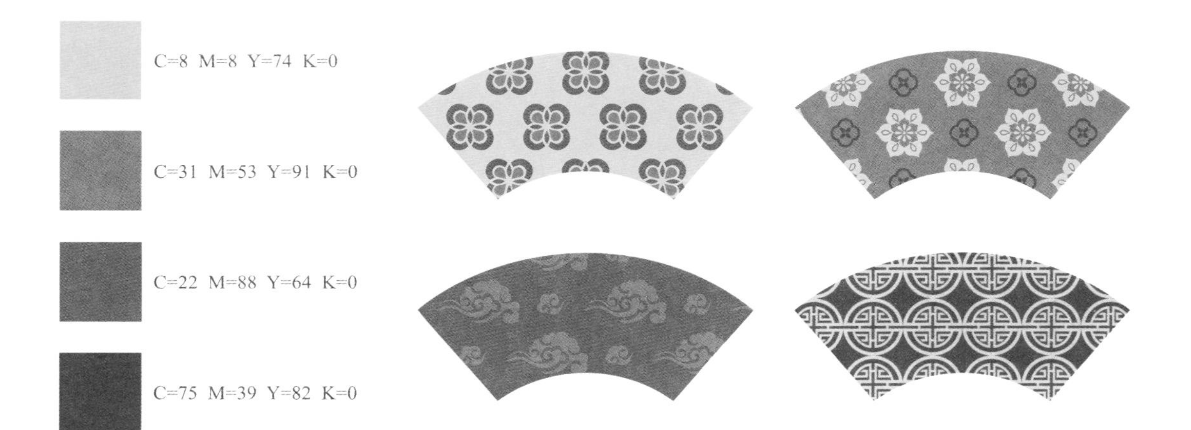
C=8 M=8 Y=74 K=0
C=31 M=53 Y=91 K=0
C=22 M=88 Y=64 K=0
C=75 M=39 Y=82 K=0

配色参考

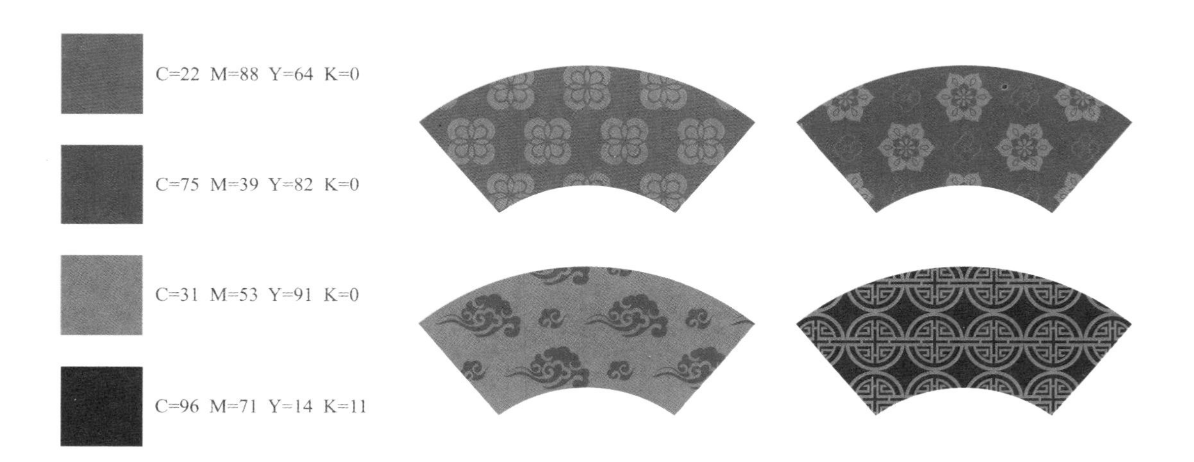
C=22 M=88 Y=64 K=0
C=75 M=39 Y=82 K=0
C=31 M=53 Y=91 K=0
C=96 M=71 Y=14 K=11

配色参考

C=22 M=88 Y=64 K=0
C=75 M=39 Y=82 K=0
C=31 M=53 Y=91 K=0
C=56 M=78 Y=51 K=4

配色参考

C=39 M=99 Y=80 K=4
C=49 M=86 Y=53 K=0
C=75 M=36 Y=88 K=0
C=84 M=49 Y=15 K=0

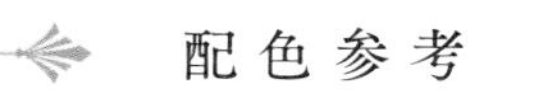

配色参考

C=14 M=8 Y=20 K=11
C=0 M=18 Y=99 K=9
C=16 M=87 Y=52 K=0
C=79 M=51 Y=93 K=22

配色参考

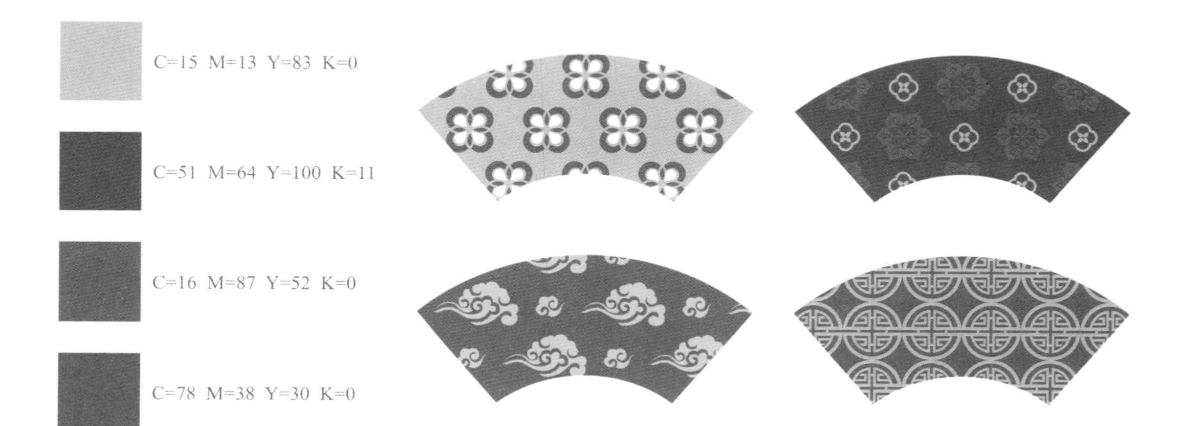
C=15 M=13 Y=83 K=0
C=51 M=64 Y=100 K=11
C=16 M=87 Y=52 K=0
C=78 M=38 Y=30 K=0

B.R

配色参考

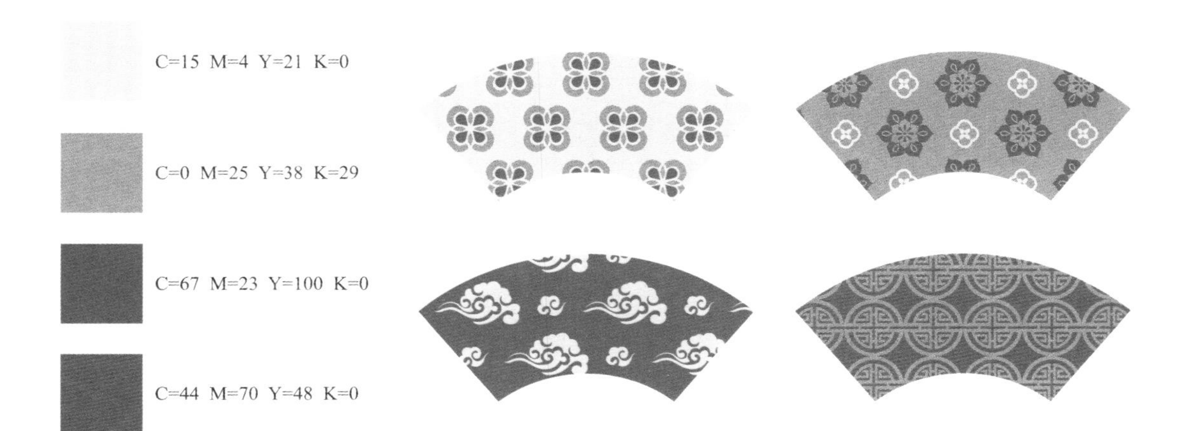
C=15 M=4 Y=21 K=0
C=0 M=25 Y=38 K=29
C=67 M=23 Y=100 K=0
C=44 M=70 Y=48 K=0

配色参考

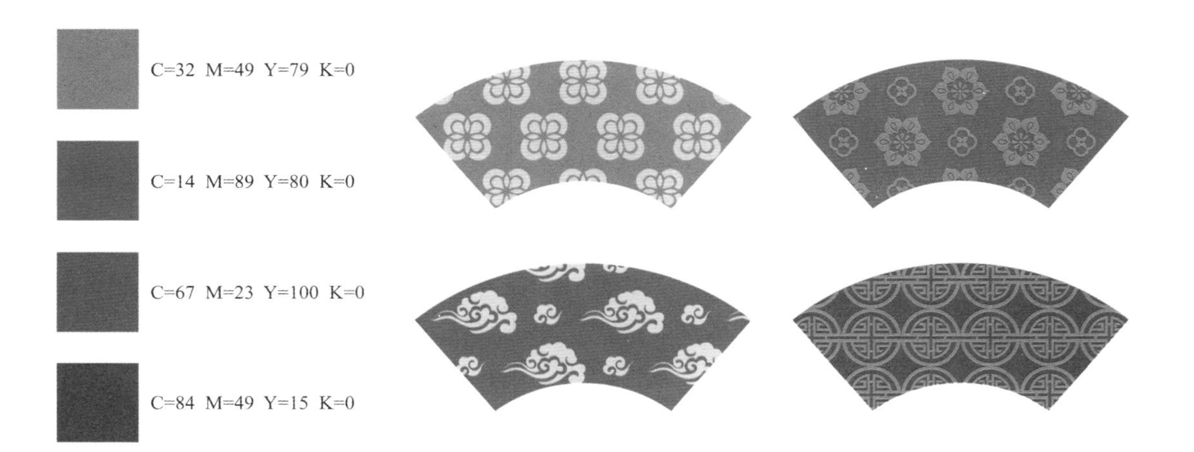
C=32 M=49 Y=79 K=0
C=14 M=89 Y=80 K=0
C=67 M=23 Y=100 K=0
C=84 M=49 Y=15 K=0

配色参考

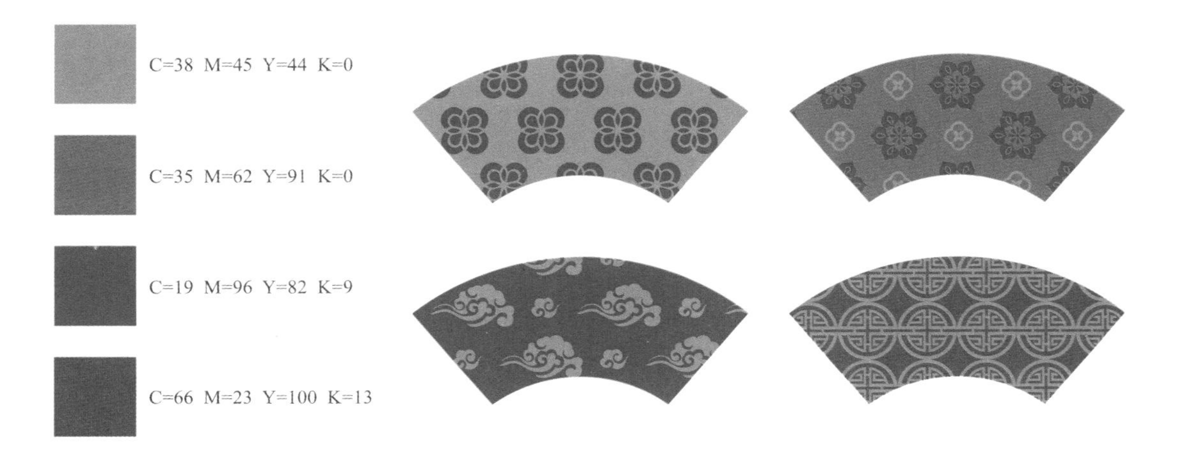
C=38 M=45 Y=44 K=0
C=35 M=62 Y=91 K=0
C=19 M=96 Y=82 K=9
C=66 M=23 Y=100 K=13

配色参考

C=23 M=0 Y=38 K=0
C=62 M=23 Y=100 K=13
C=22 M=91 Y=77 K=0
C=38 M=76 Y=42 K=0

配 色 参 考

C=20 M=0 Y=26 K=0
C=53 M=23 Y=75 K=8
C=13 M=27 Y=83 K=0
C=54 M=64 Y=94 K=5

配色参考

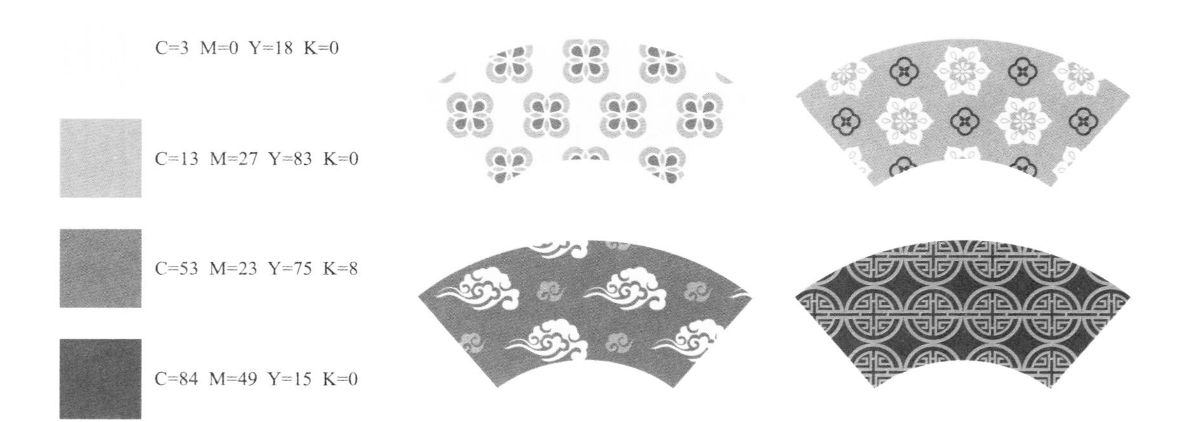
C=3 M=0 Y=18 K=0
C=13 M=27 Y=83 K=0
C=53 M=23 Y=75 K=8
C=84 M=49 Y=15 K=0

配色参考

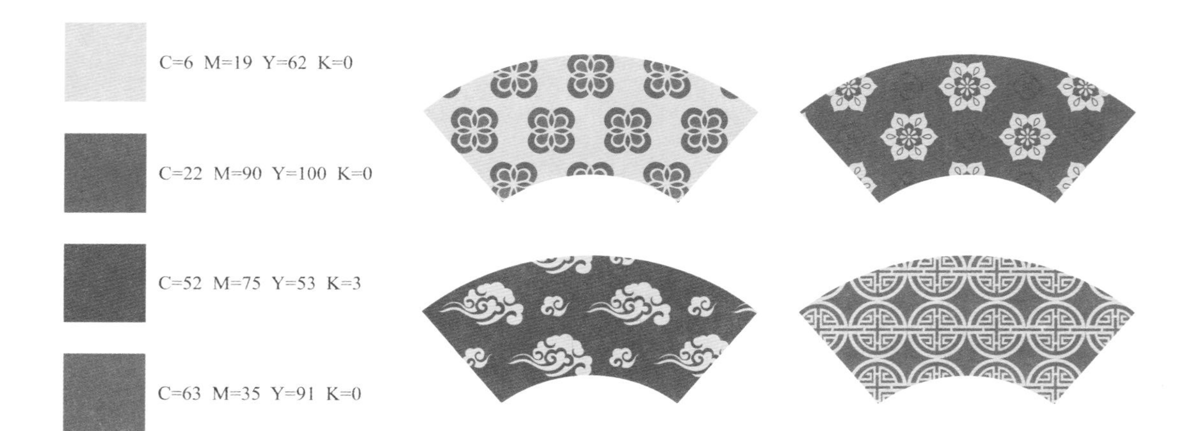
C=6 M=19 Y=62 K=0
C=22 M=90 Y=100 K=0
C=52 M=75 Y=53 K=3
C=63 M=35 Y=91 K=0

B.R

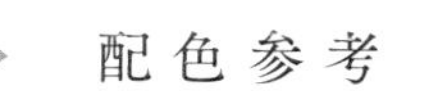

配色参考

C=31 M=52 Y=100 K=0
C=22 M=90 Y=100 K=0
C=63 M=35 Y=91 K=0
C=56 M=87 Y=37 K=0

配色参考

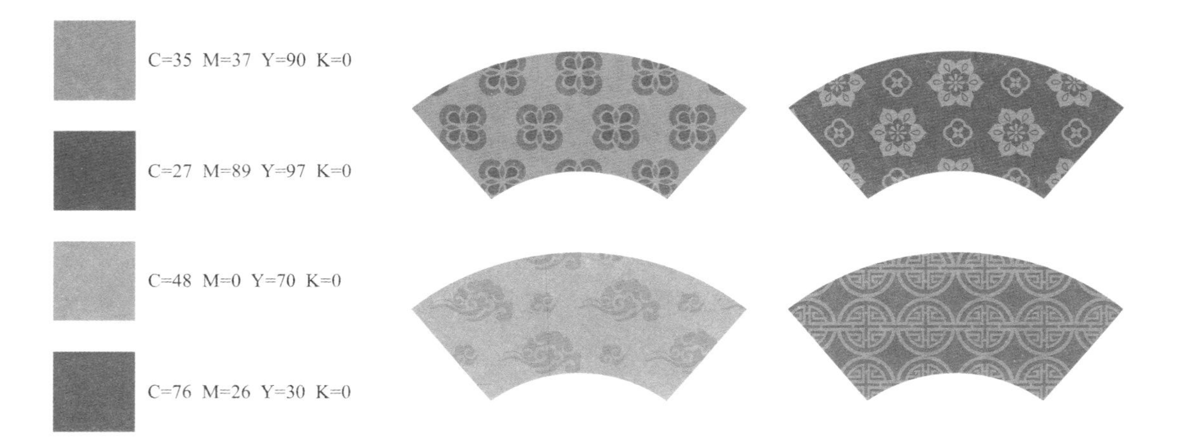

C=35 M=37 Y=90 K=0
C=27 M=89 Y=97 K=0
C=48 M=0 Y=70 K=0
C=76 M=26 Y=30 K=0

配色参考

C=41 M=9 Y=78 K=0
C=78 M=43 Y=100 K=4
C=16 M=86 Y=98 K=0
C=33 M=55 Y=21 K=0

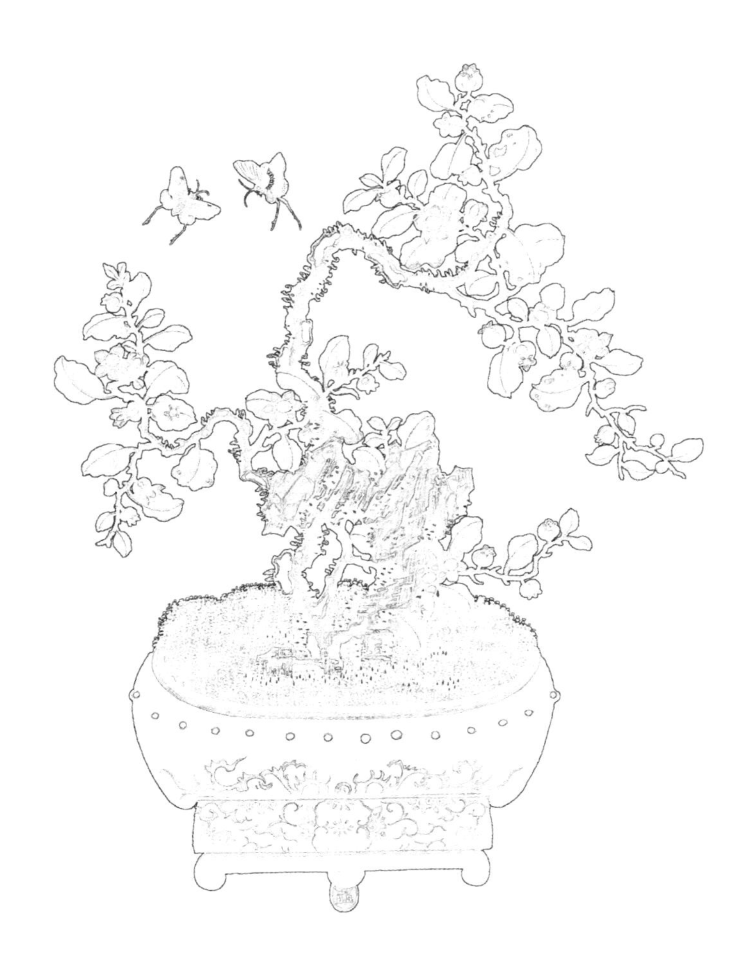

配色参考

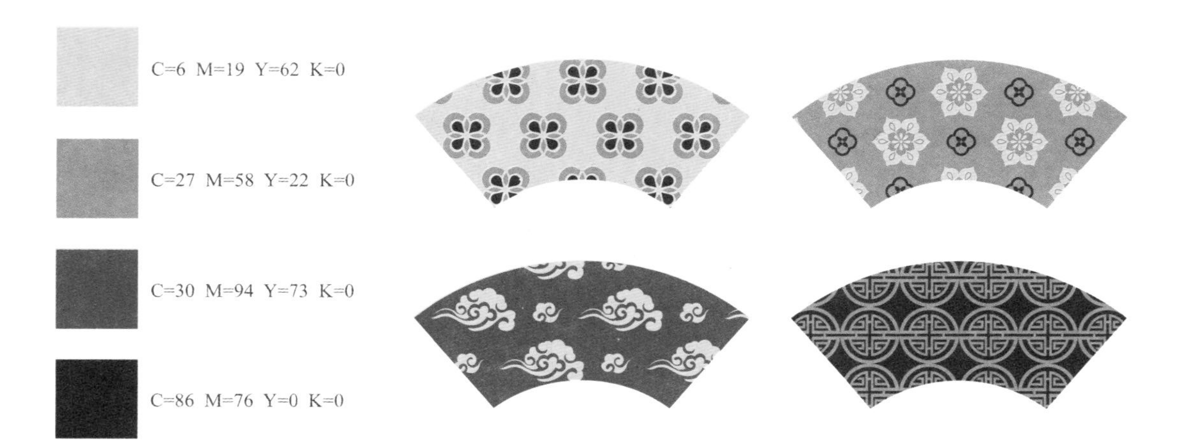
C=6 M=19 Y=62 K=0
C=27 M=58 Y=22 K=0
C=30 M=94 Y=73 K=0
C=86 M=76 Y=0 K=0

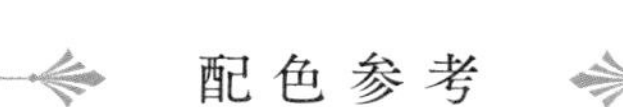

配色参考

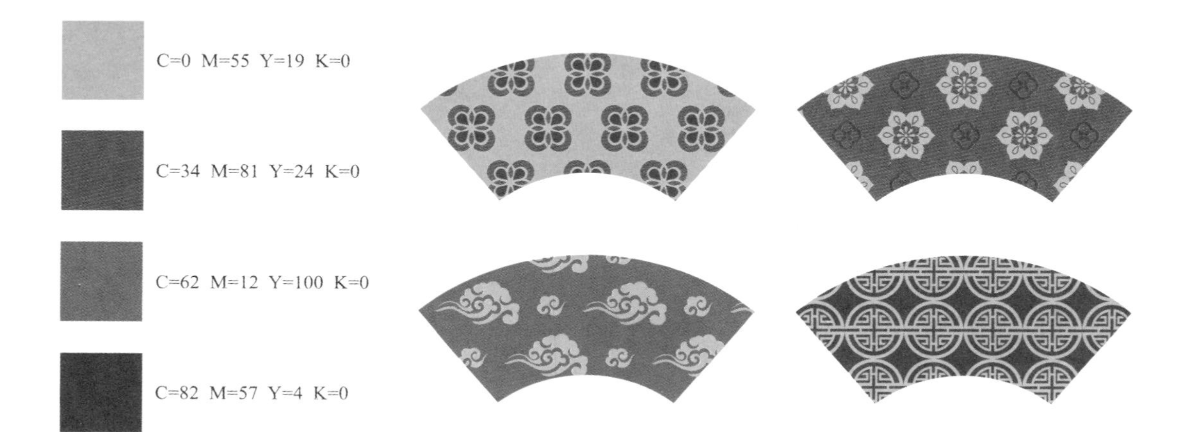
C=0 M=55 Y=19 K=0
C=34 M=81 Y=24 K=0
C=62 M=12 Y=100 K=0
C=82 M=57 Y=4 K=0

配色参考

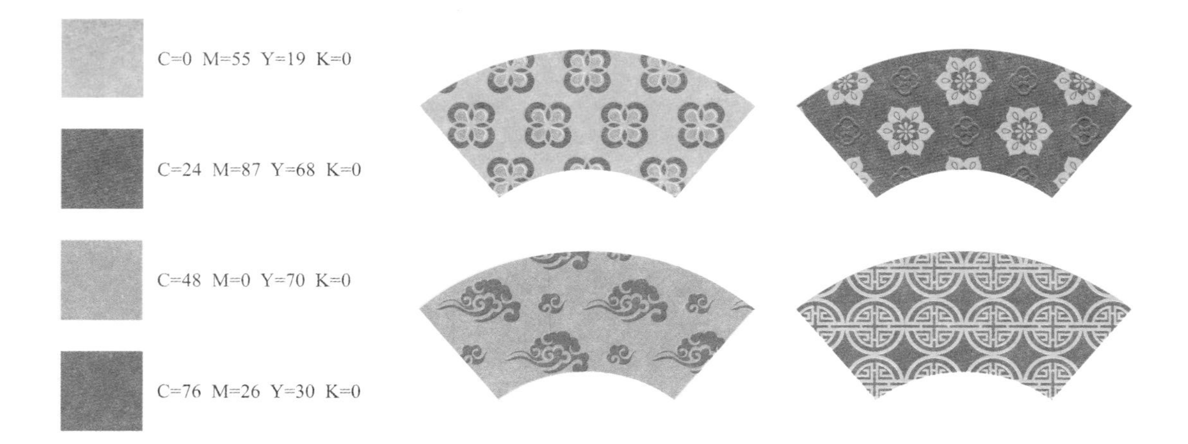
C=0 M=55 Y=19 K=0
C=24 M=87 Y=68 K=0
C=48 M=0 Y=70 K=0
C=76 M=26 Y=30 K=0

配色参考

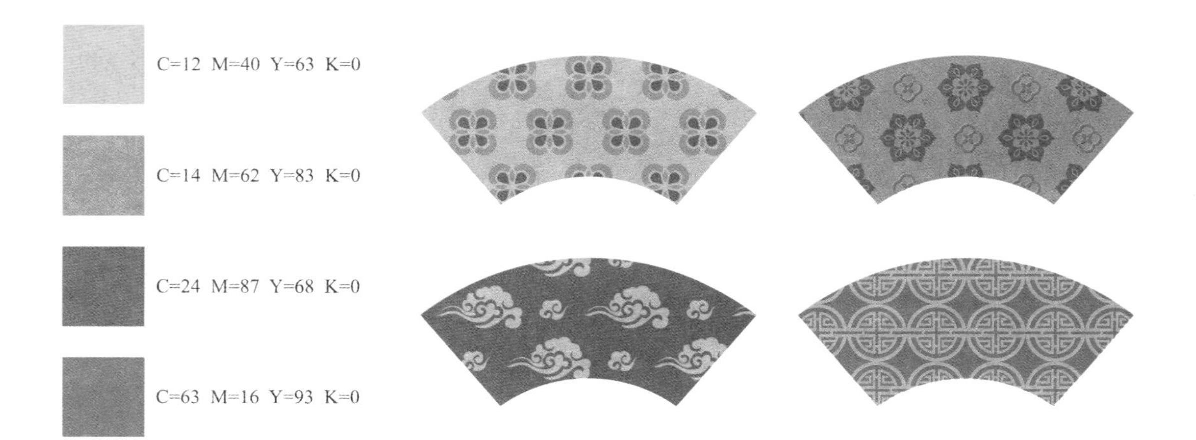
C=12 M=40 Y=63 K=0
C=14 M=62 Y=83 K=0
C=24 M=87 Y=68 K=0
C=63 M=16 Y=93 K=0

配色参考

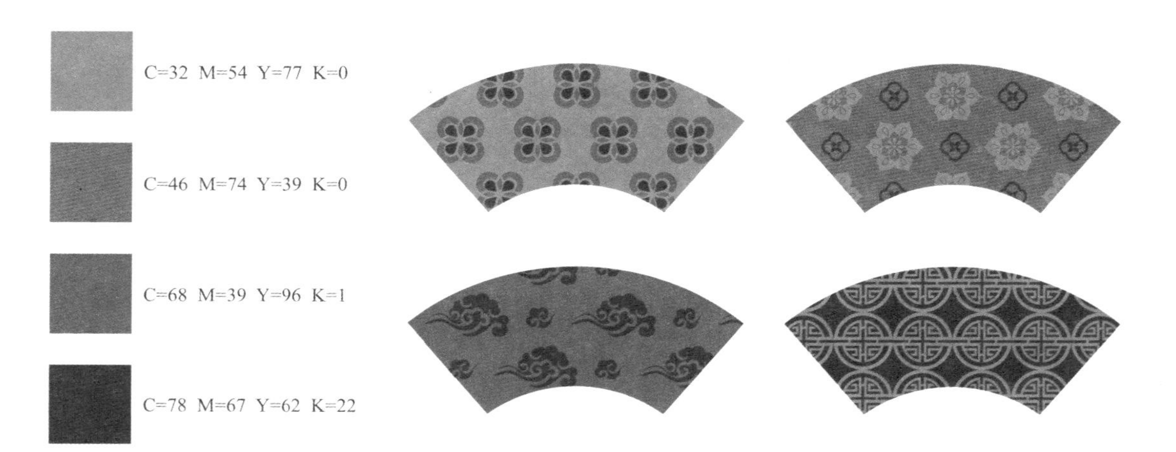
C=32 M=54 Y=77 K=0
C=46 M=74 Y=39 K=0
C=68 M=39 Y=96 K=1
C=78 M=67 Y=62 K=22

配色参考

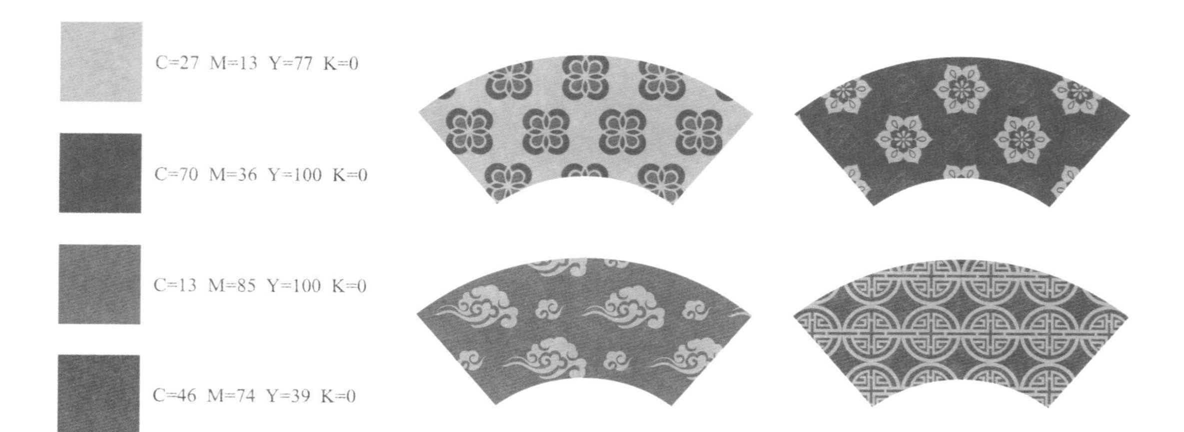
C=27 M=13 Y=77 K=0
C=70 M=36 Y=100 K=0
C=13 M=85 Y=100 K=0
C=46 M=74 Y=39 K=0

配色参考

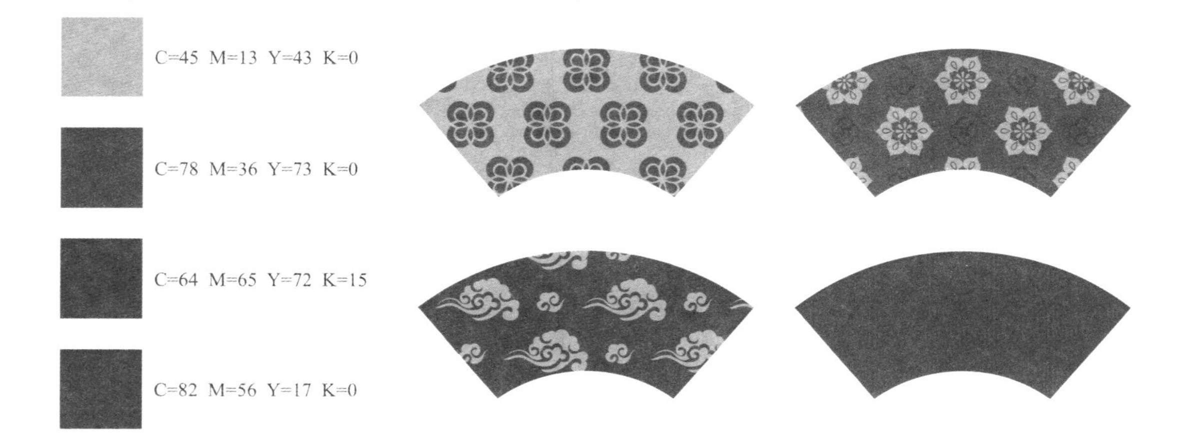
C=45 M=13 Y=43 K=0
C=78 M=36 Y=73 K=0
C=64 M=65 Y=72 K=15
C=82 M=56 Y=17 K=0

配色参考

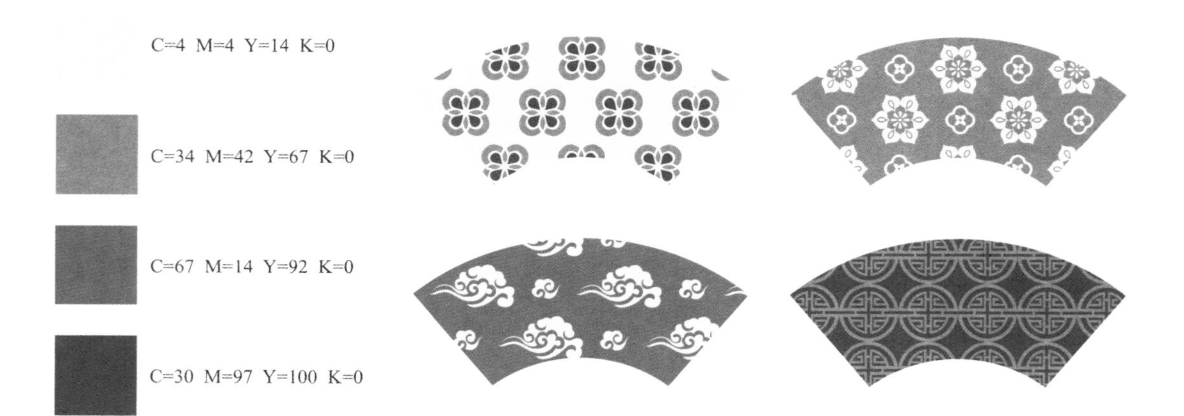
C=4 M=4 Y=14 K=0
C=34 M=42 Y=67 K=0
C=67 M=14 Y=92 K=0
C=30 M=97 Y=100 K=0

配色参考

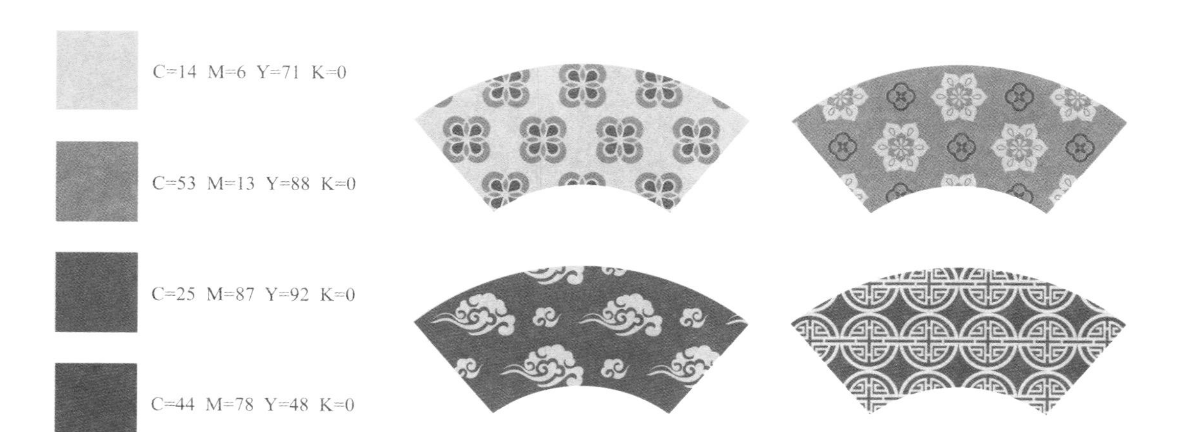
C=14 M=6 Y=71 K=0
C=53 M=13 Y=88 K=0
C=25 M=87 Y=92 K=0
C=44 M=78 Y=48 K=0

配色参考

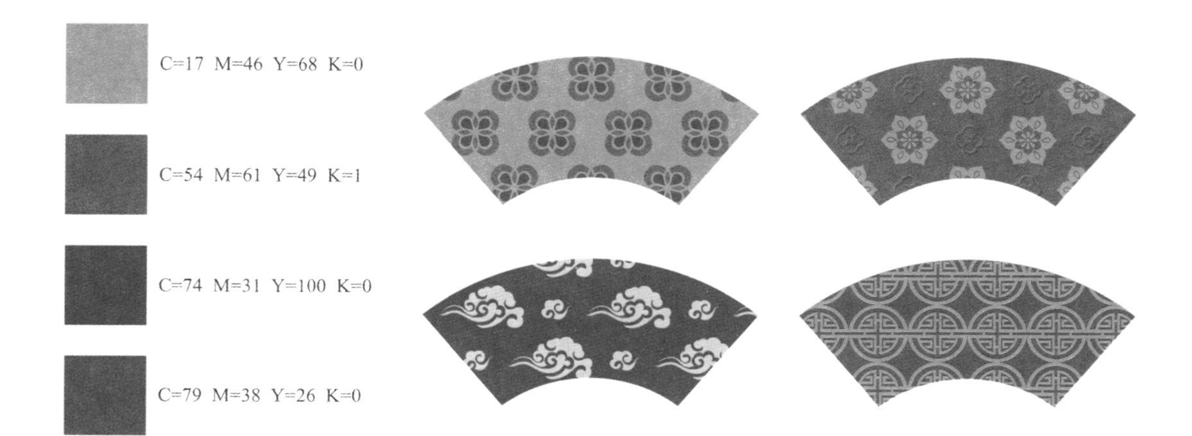
C=17 M=46 Y=68 K=0
C=54 M=61 Y=49 K=1
C=74 M=31 Y=100 K=0
C=79 M=38 Y=26 K=0

配色参考

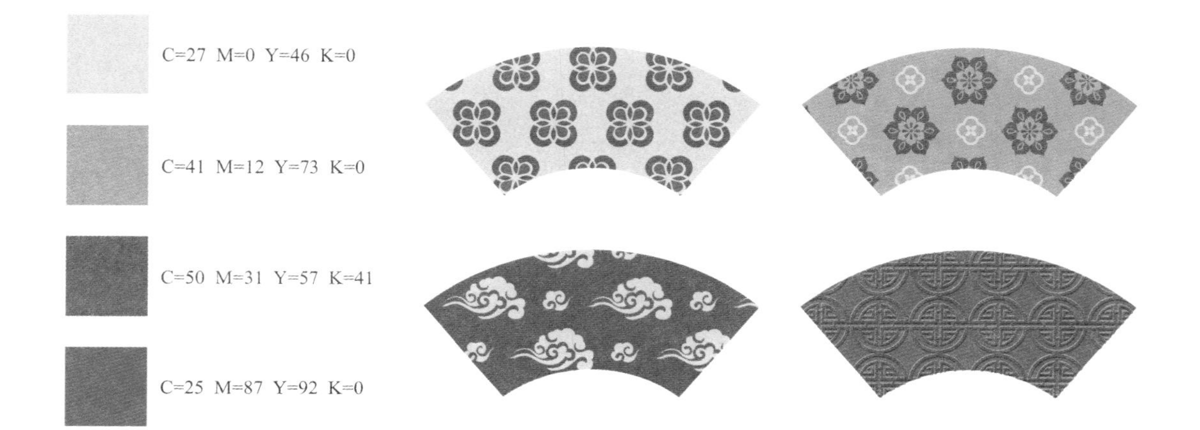
C=27 M=0 Y=46 K=0
C=41 M=12 Y=73 K=0
C=50 M=31 Y=57 K=41
C=25 M=87 Y=92 K=0

配色参考

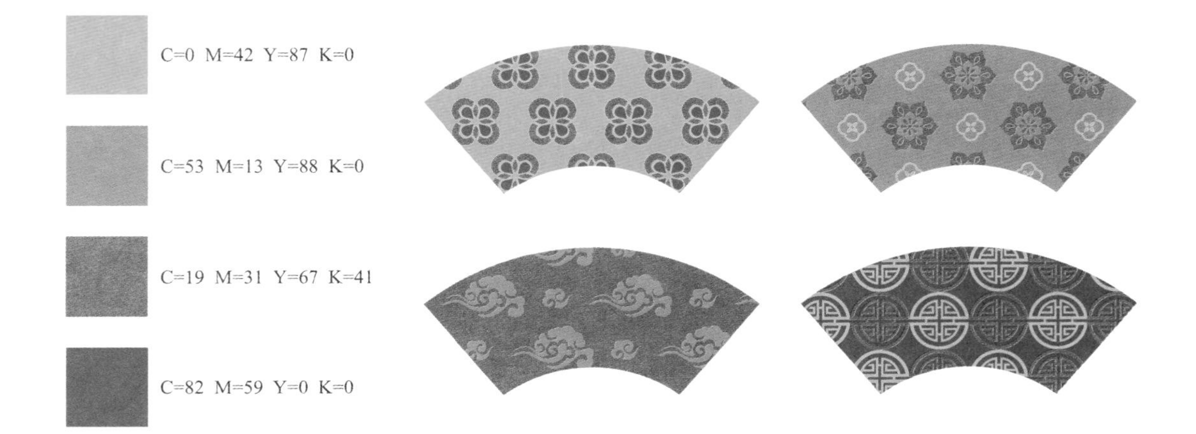
C=0 M=42 Y=87 K=0
C=53 M=13 Y=88 K=0
C=19 M=31 Y=67 K=41
C=82 M=59 Y=0 K=0

配色参考

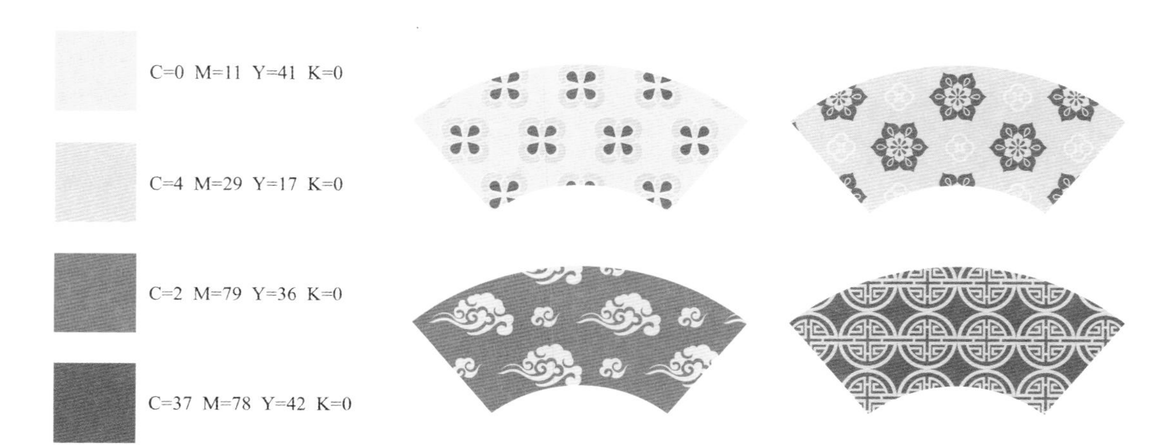
C=0 M=11 Y=41 K=0
C=4 M=29 Y=17 K=0
C=2 M=79 Y=36 K=0
C=37 M=78 Y=42 K=0

配色参考

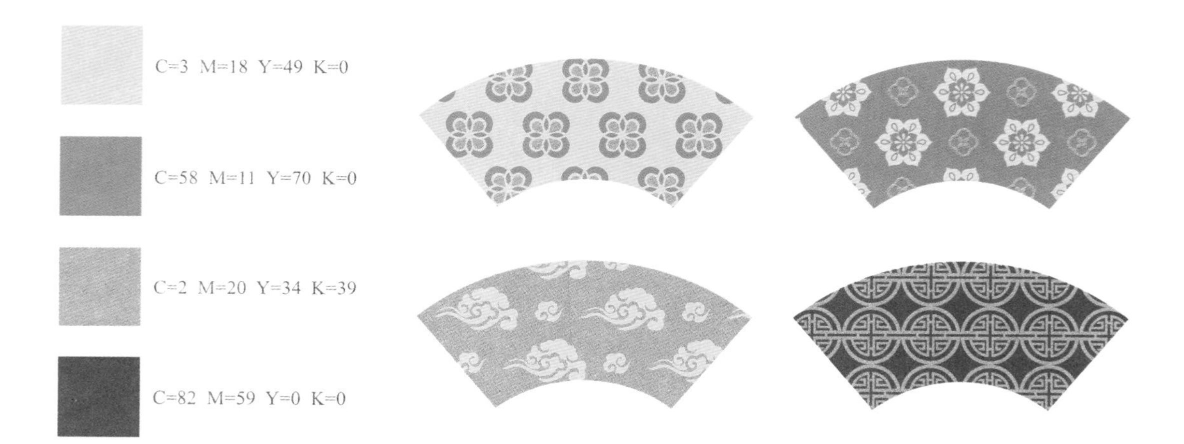
C=3 M=18 Y=49 K=0
C=58 M=11 Y=70 K=0
C=2 M=20 Y=34 K=39
C=82 M=59 Y=0 K=0

配色参考

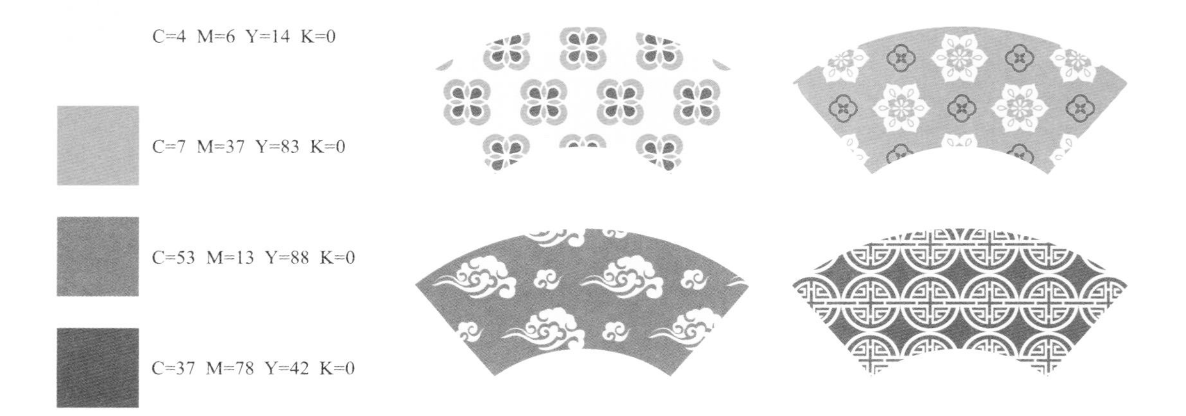
C=4 M=6 Y=14 K=0
C=7 M=37 Y=83 K=0
C=53 M=13 Y=88 K=0
C=37 M=78 Y=42 K=0

配色参考

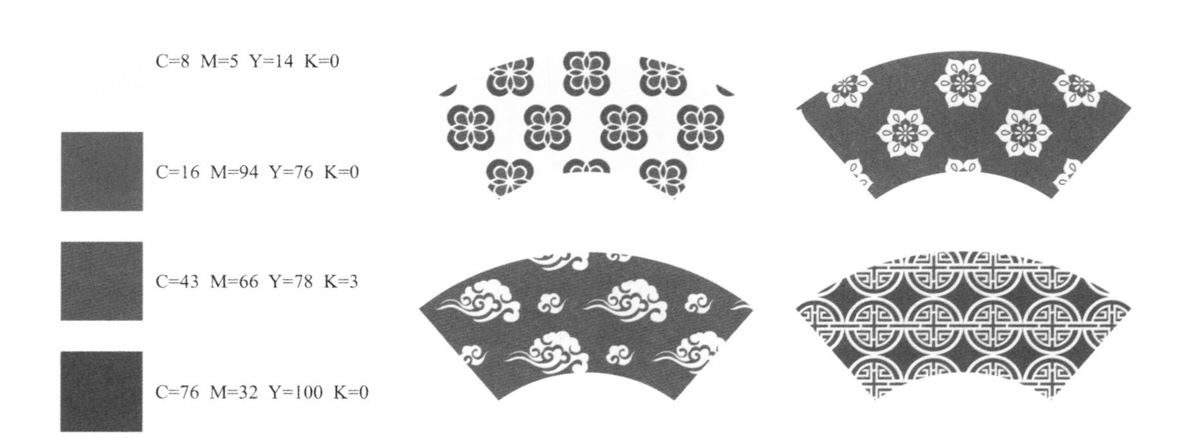
C=8 M=5 Y=14 K=0
C=16 M=94 Y=76 K=0
C=43 M=66 Y=78 K=3
C=76 M=32 Y=100 K=0

配色参考

C=15 M=26 Y=94 K=0
C=62 M=16 Y=91 K=0
C=62 M=36 Y=66 K=3
C=37 M=78 Y=42 K=0

配色参考

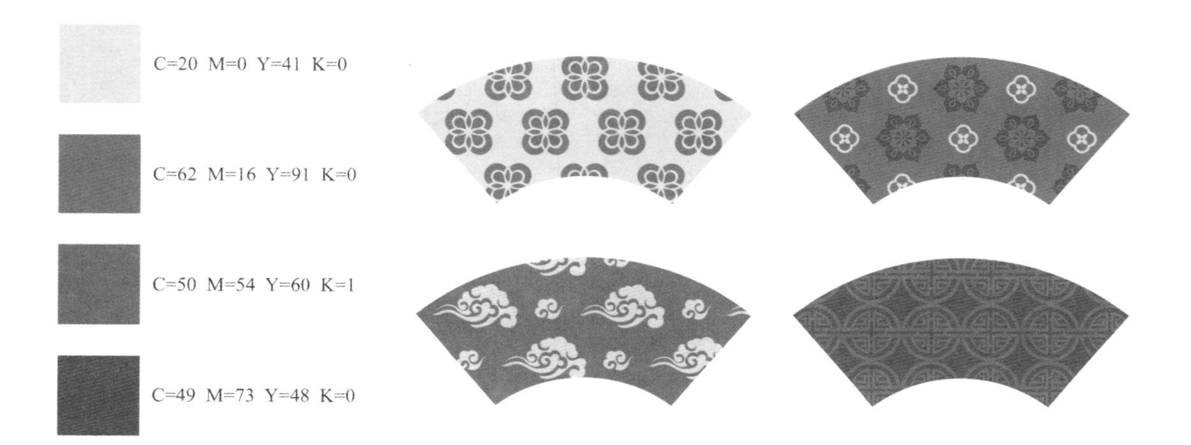
C=20 M=0 Y=41 K=0
C=62 M=16 Y=91 K=0
C=50 M=54 Y=60 K=1
C=49 M=73 Y=48 K=0

配色参考

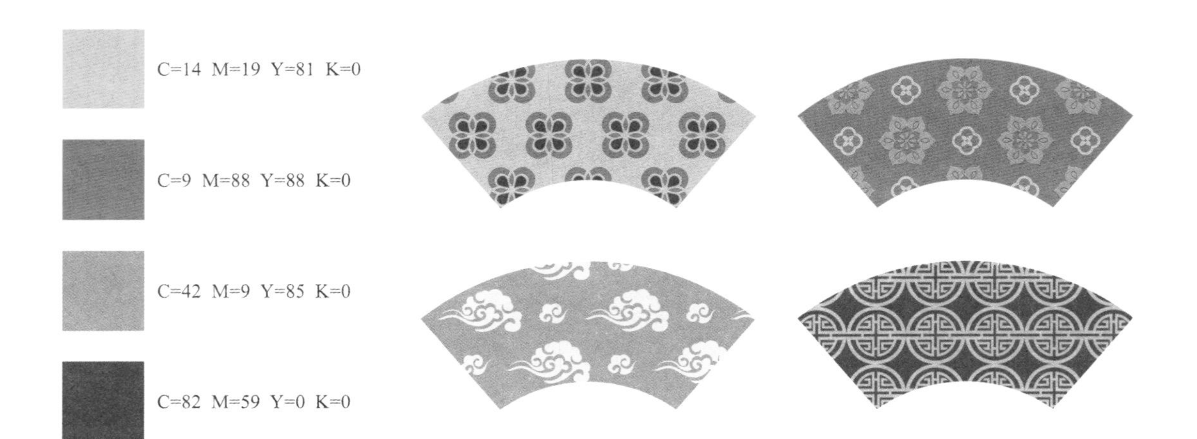
C=14 M=19 Y=81 K=0
C=9 M=88 Y=88 K=0
C=42 M=9 Y=85 K=0
C=82 M=59 Y=0 K=0

配色参考

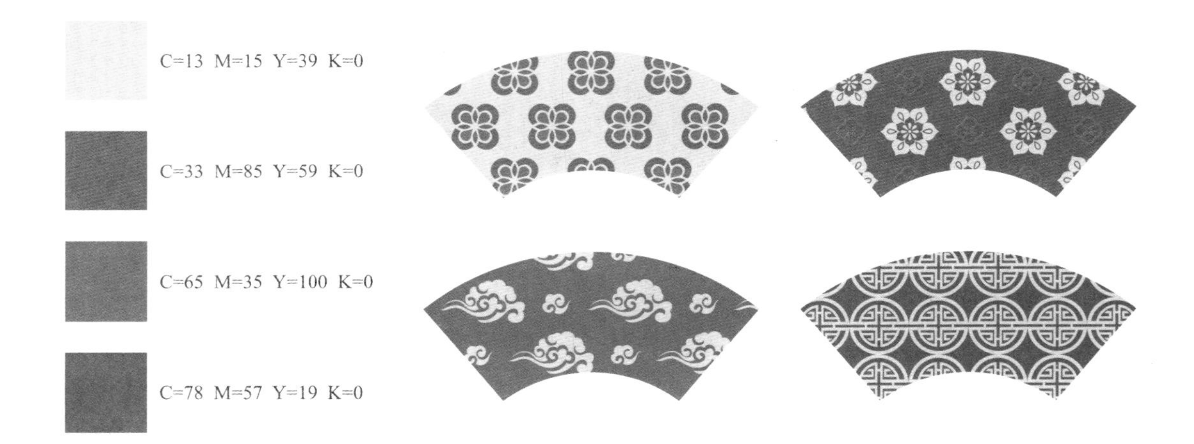
C=13 M=15 Y=39 K=0
C=33 M=85 Y=59 K=0
C=65 M=35 Y=100 K=0
C=78 M=57 Y=19 K=0

配色参考

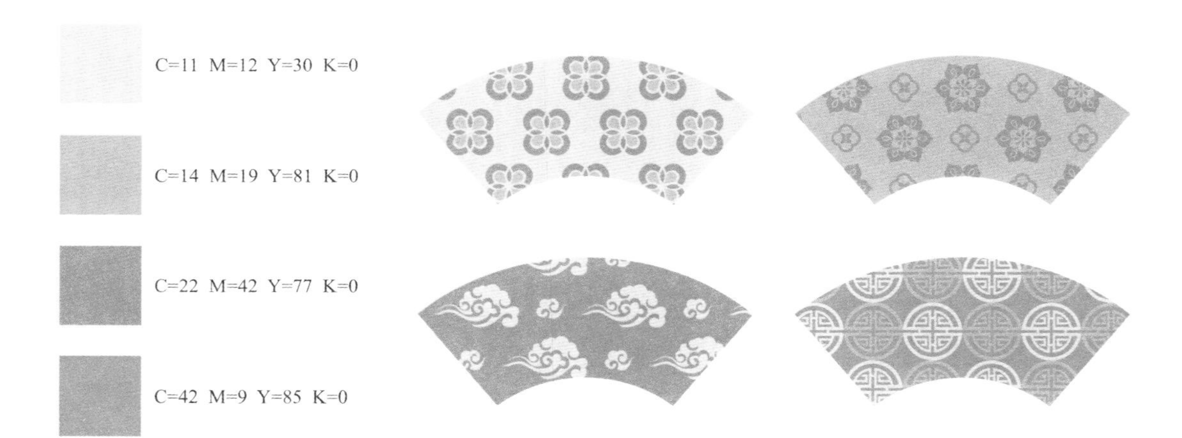
C=11 M=12 Y=30 K=0
C=14 M=19 Y=81 K=0
C=22 M=42 Y=77 K=0
C=42 M=9 Y=85 K=0

配色参考

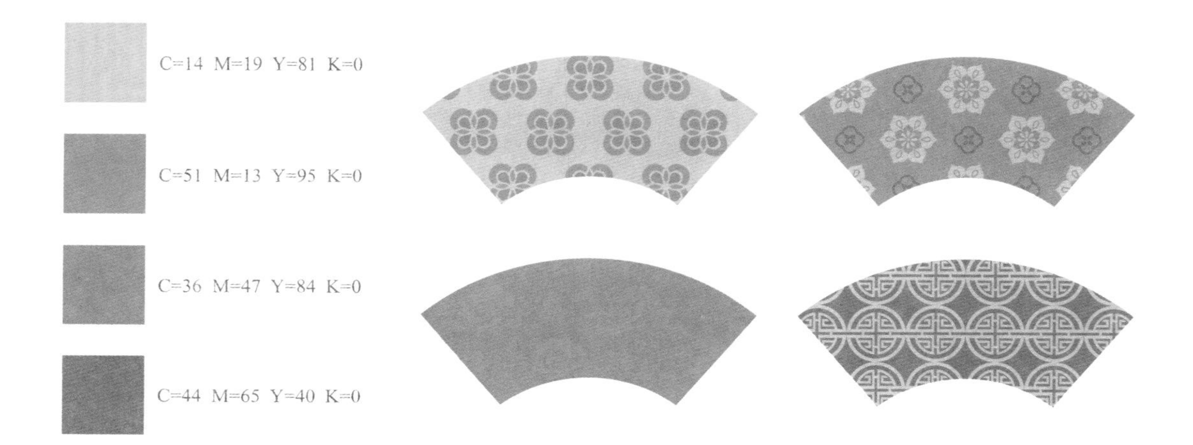

C=14 M=19 Y=81 K=0
C=51 M=13 Y=95 K=0
C=36 M=47 Y=84 K=0
C=44 M=65 Y=40 K=0

配色参考

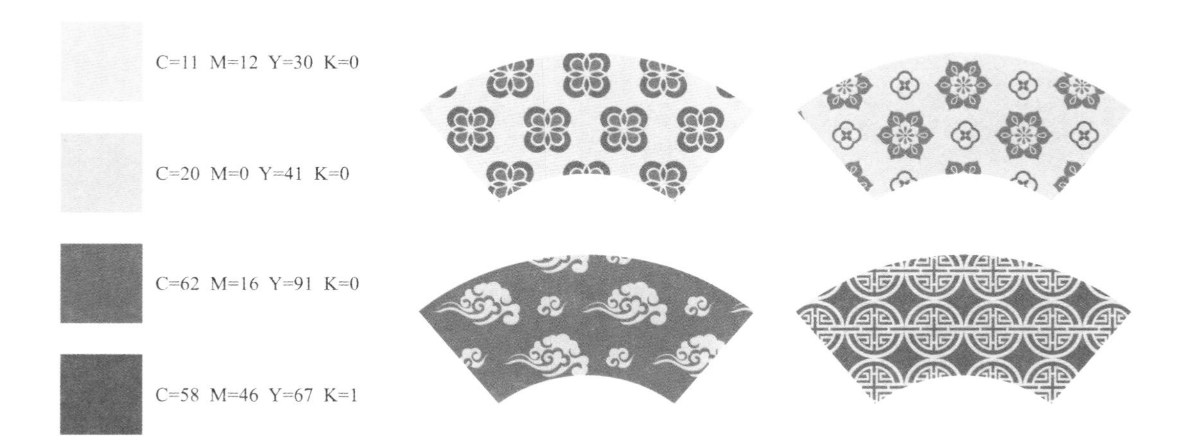
C=11 M=12 Y=30 K=0
C=20 M=0 Y=41 K=0
C=62 M=16 Y=91 K=0
C=58 M=46 Y=67 K=1

配色参考

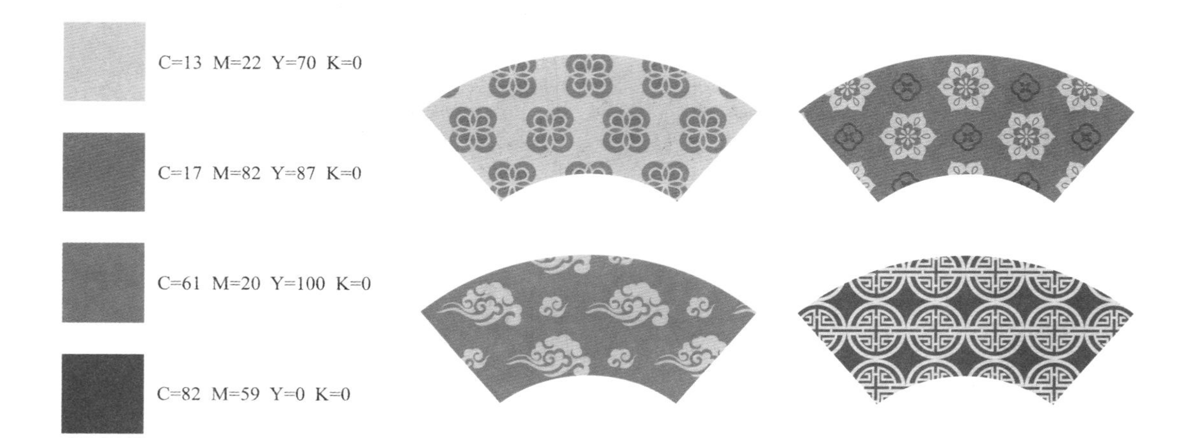

C=13 M=22 Y=70 K=0
C=17 M=82 Y=87 K=0
C=61 M=20 Y=100 K=0
C=82 M=59 Y=0 K=0

配色参考

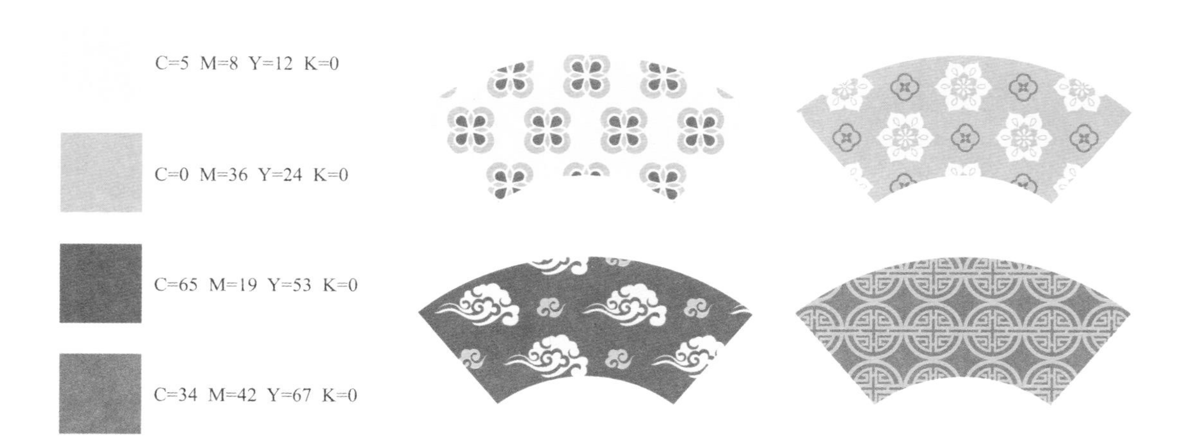
C=5 M=8 Y=12 K=0
C=0 M=36 Y=24 K=0
C=65 M=19 Y=53 K=0
C=34 M=42 Y=67 K=0

配色参考

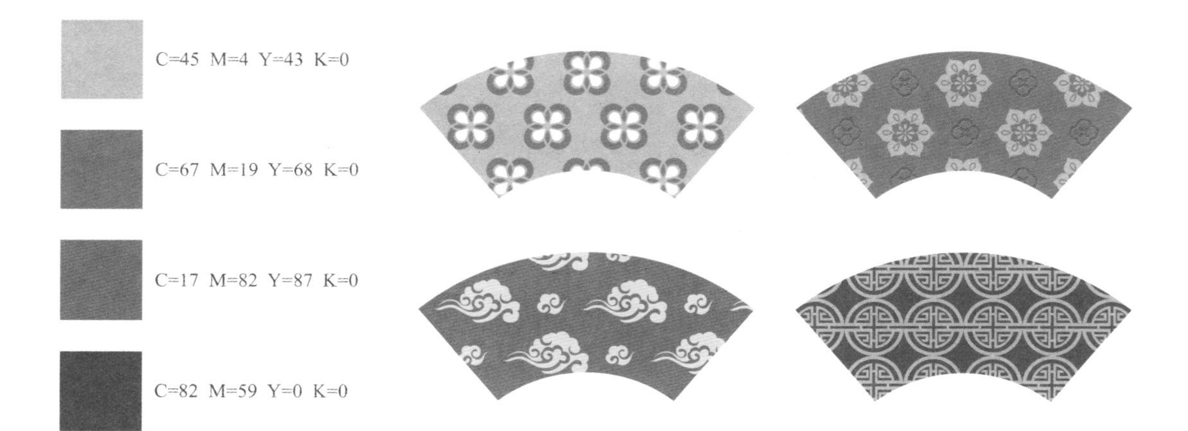
C=45 M=4 Y=43 K=0
C=67 M=19 Y=68 K=0
C=17 M=82 Y=87 K=0
C=82 M=59 Y=0 K=0

配 色 参 考

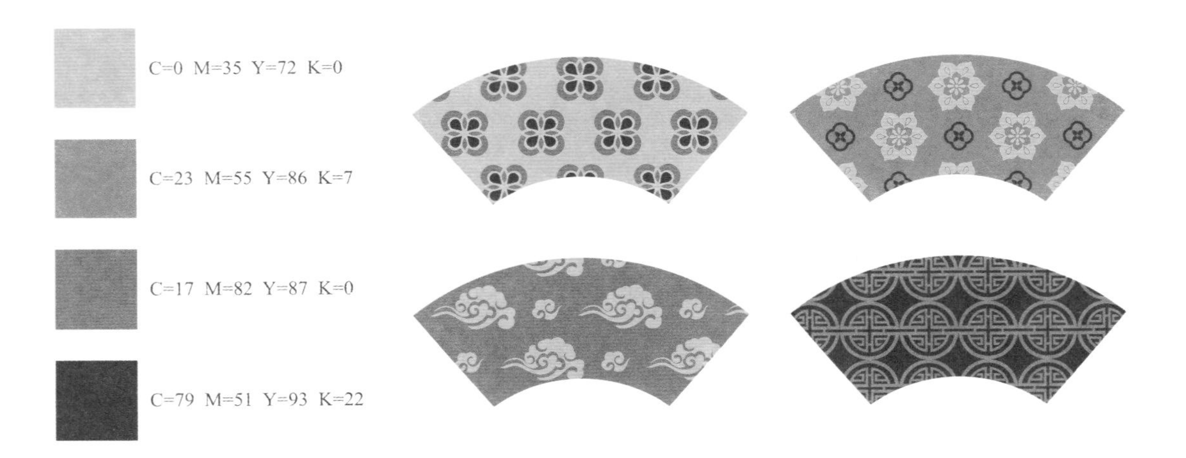
C=0 M=35 Y=72 K=0
C=23 M=55 Y=86 K=7
C=17 M=82 Y=87 K=0
C=79 M=51 Y=93 K=22

配色参考

C=50 M=10 Y=77 K=0
C=31 M=60 Y=80 K=0
C=17 M=82 Y=87 K=0
C=44 M=65 Y=40 K=0

配色参考

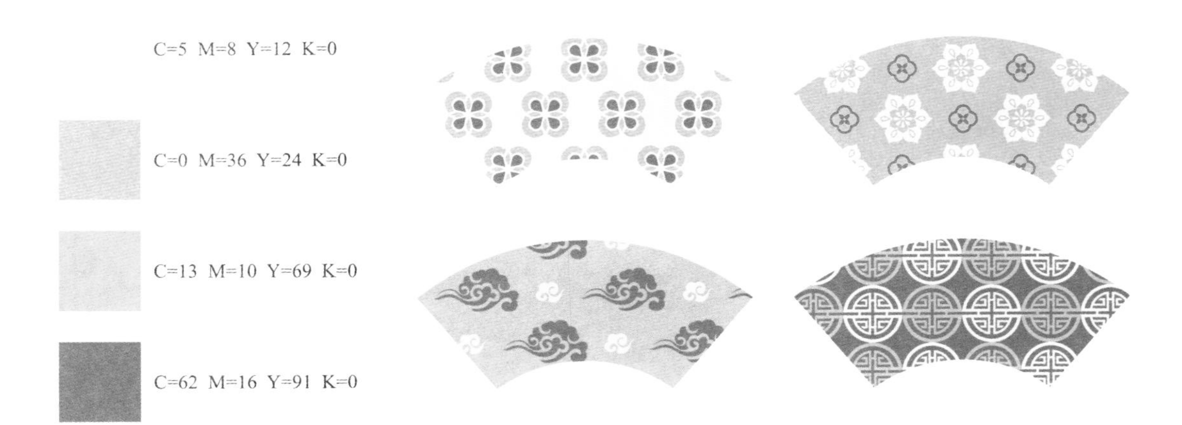
C=5 M=8 Y=12 K=0
C=0 M=36 Y=24 K=0
C=13 M=10 Y=69 K=0
C=62 M=16 Y=91 K=0

配色参考

C=20 M=27 Y=44 K=0
C=13 M=88 Y=71 K=0
C=65 M=34 Y=100 K=0
C=82 M=59 Y=0 K=0

配色参考

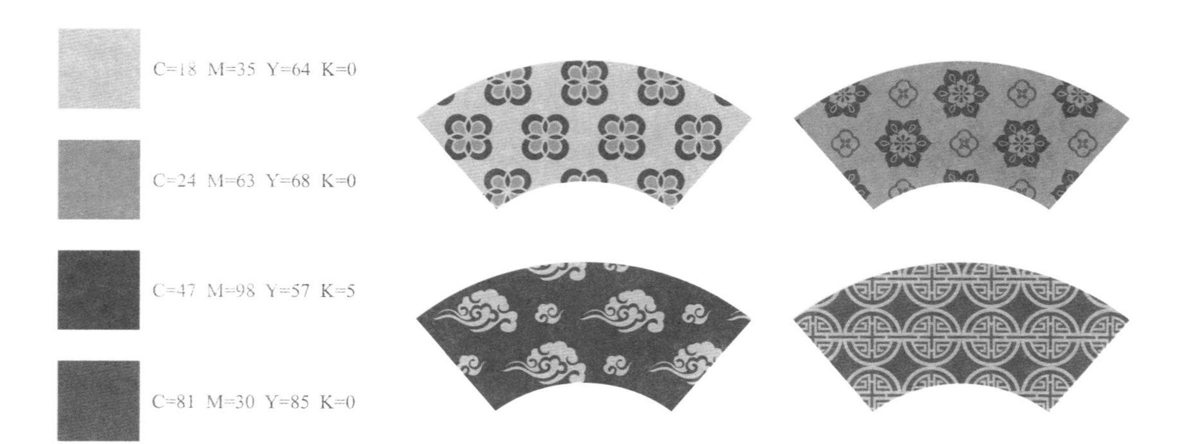
C=18 M=35 Y=64 K=0
C=24 M=63 Y=68 K=0
C=47 M=98 Y=57 K=5
C=81 M=30 Y=85 K=0

配色参考

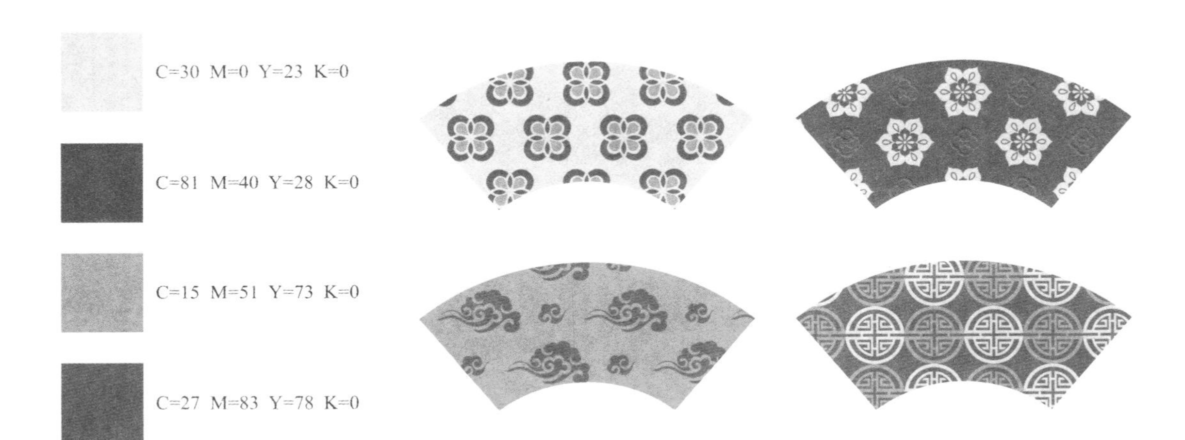
C=30 M=0 Y=23 K=0
C=81 M=40 Y=28 K=0
C=15 M=51 Y=73 K=0
C=27 M=83 Y=78 K=0

配色参考

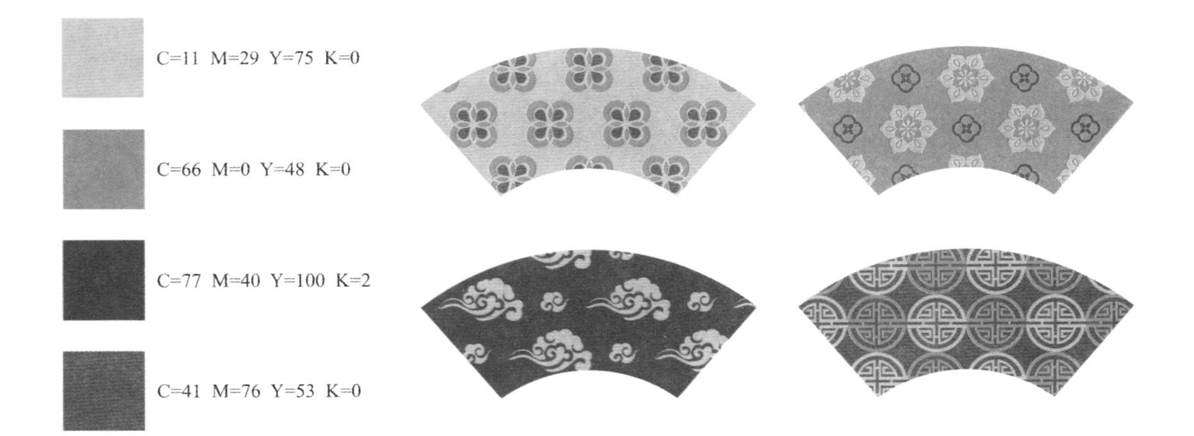

C=11 M=29 Y=75 K=0
C=66 M=0 Y=48 K=0
C=77 M=40 Y=100 K=2
C=41 M=76 Y=53 K=0

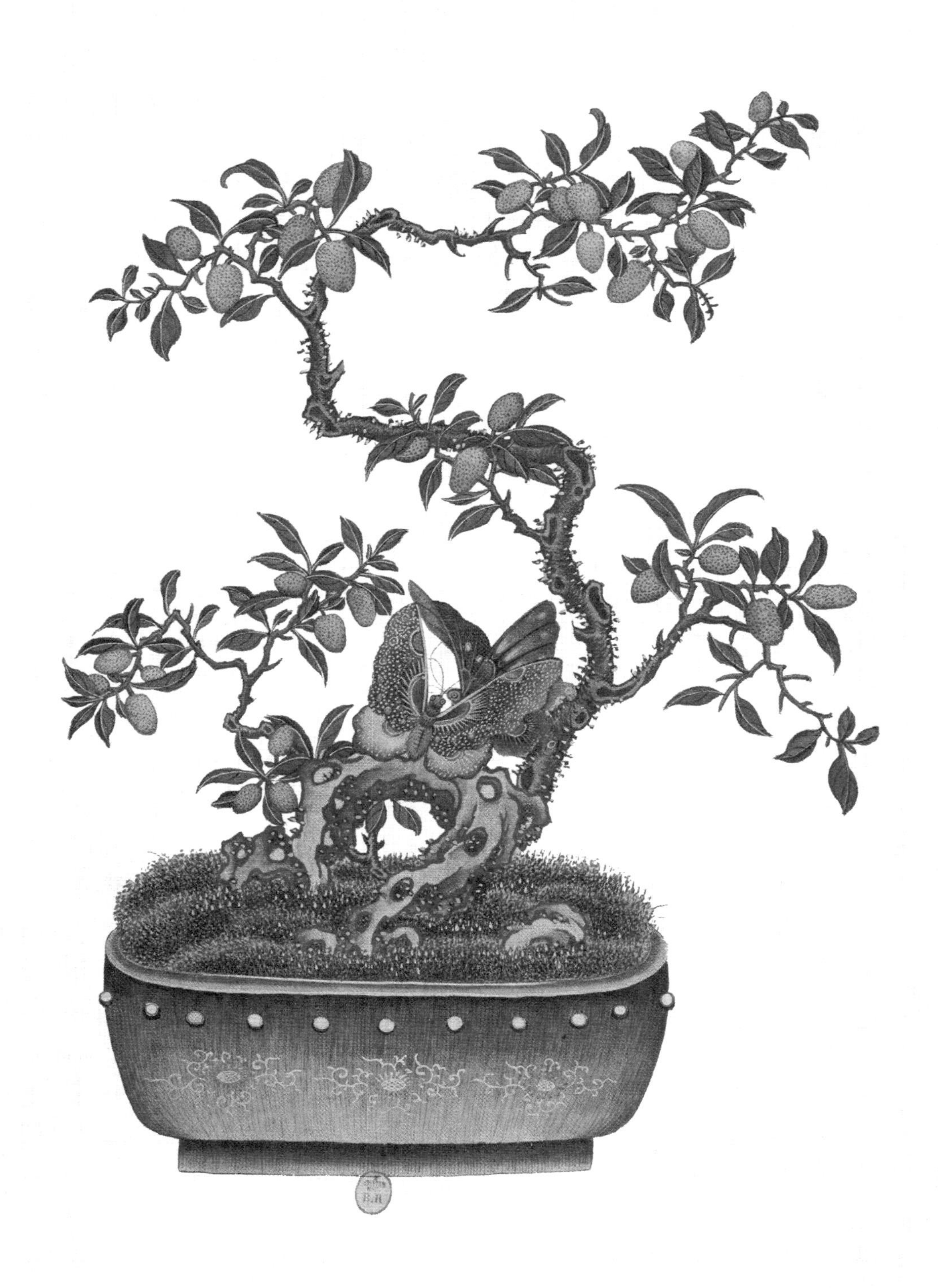

配色参考

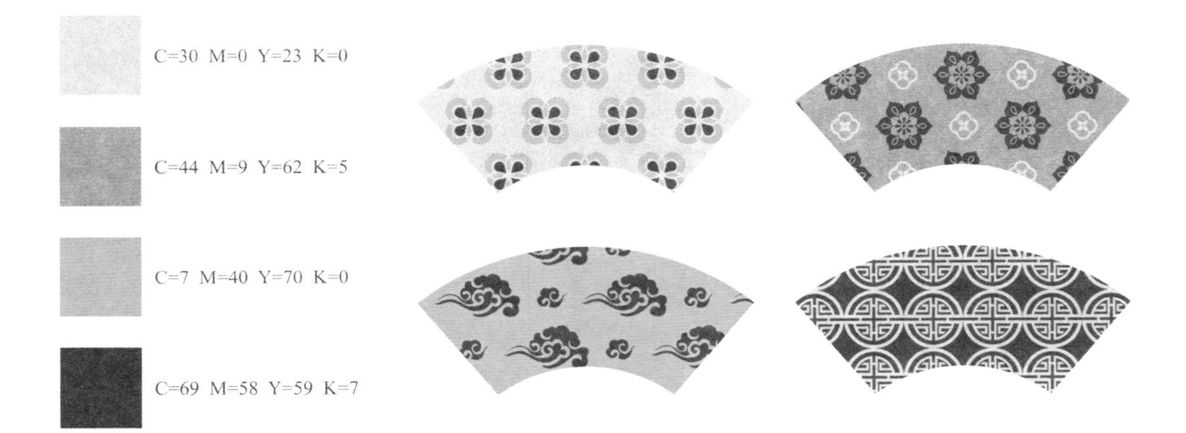
C=30 M=0 Y=23 K=0
C=44 M=9 Y=62 K=5
C=7 M=40 Y=70 K=0
C=69 M=58 Y=59 K=7

配色参考

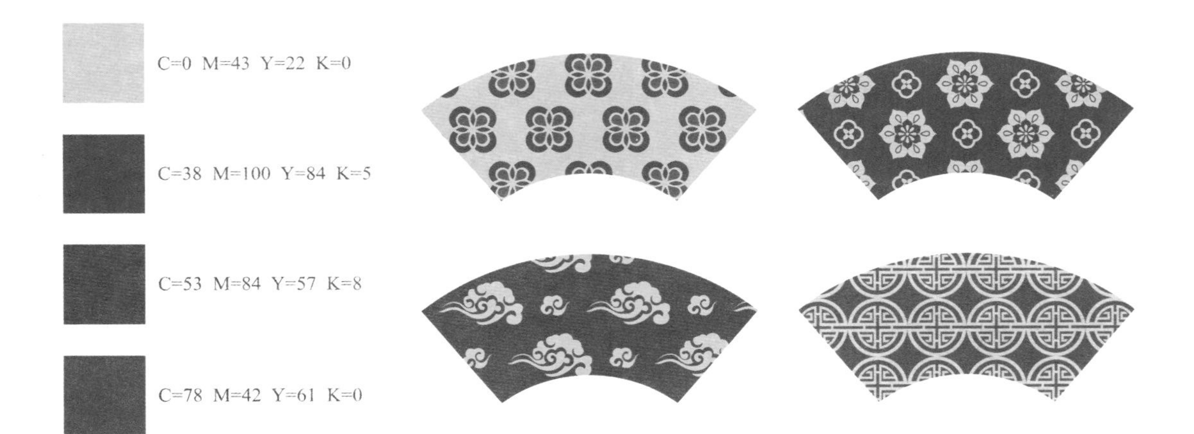
C=0 M=43 Y=22 K=0
C=38 M=100 Y=84 K=5
C=53 M=84 Y=57 K=8
C=78 M=42 Y=61 K=0

配色参考

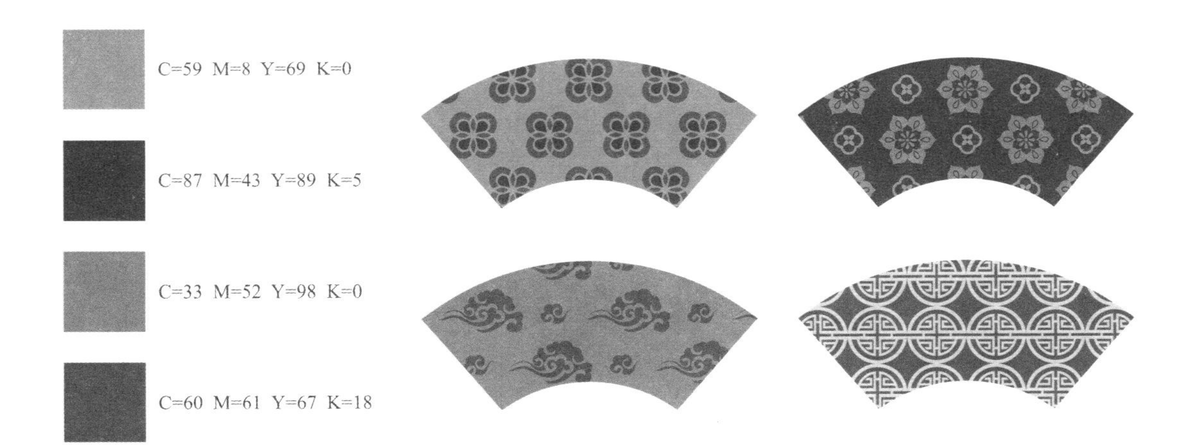
C=59 M=8 Y=69 K=0
C=87 M=43 Y=89 K=5
C=33 M=52 Y=98 K=0
C=60 M=61 Y=67 K=18

配色参考

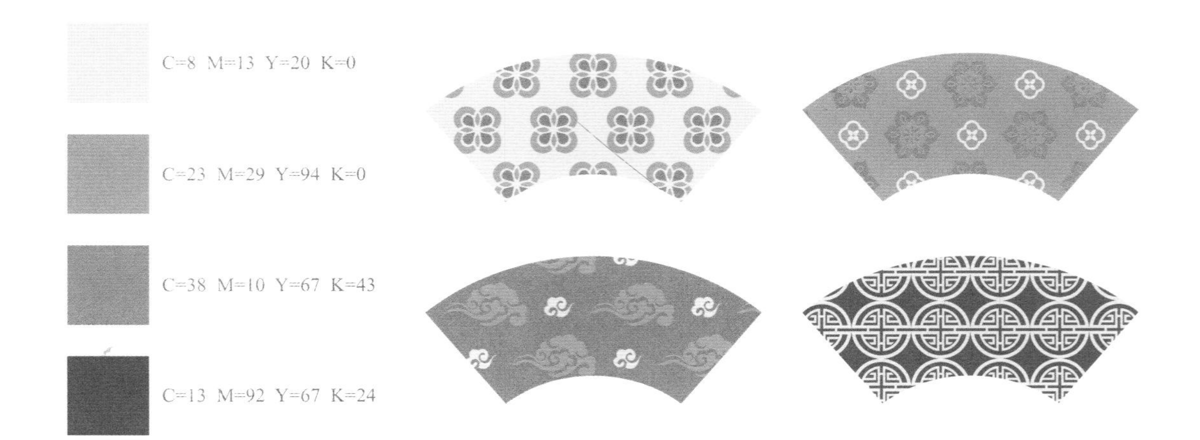
C=8 M=13 Y=20 K=0
C=23 M=29 Y=94 K=0
C=38 M=10 Y=67 K=43
C=13 M=92 Y=67 K=24

配色参考

C=9 M=3 Y=8 K=0
C=28 M=3 Y=34 K=12
C=67 M=7 Y=62 K=32
C=10 M=76 Y=67 K=17

B.R

配色参考

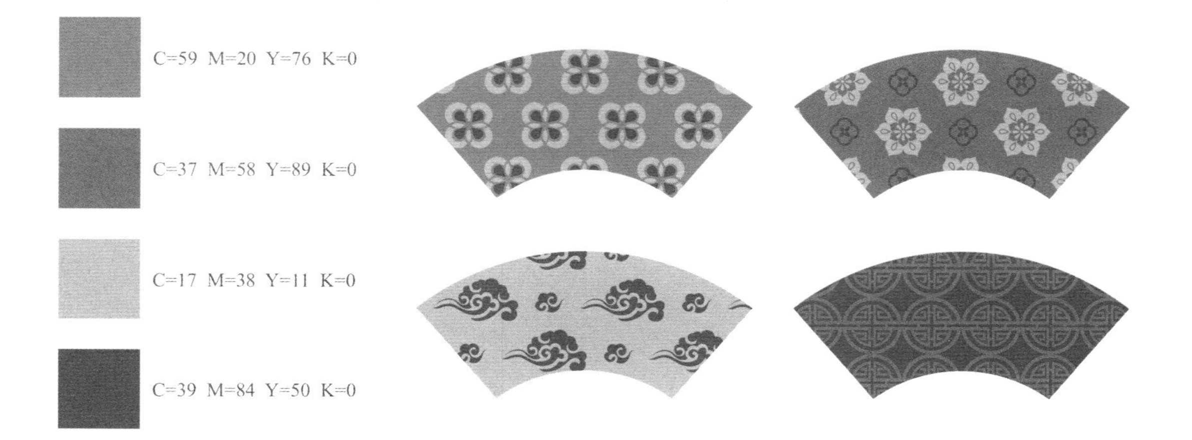
C=59 M=20 Y=76 K=0
C=37 M=58 Y=89 K=0
C=17 M=38 Y=11 K=0
C=39 M=84 Y=50 K=0

配色参考

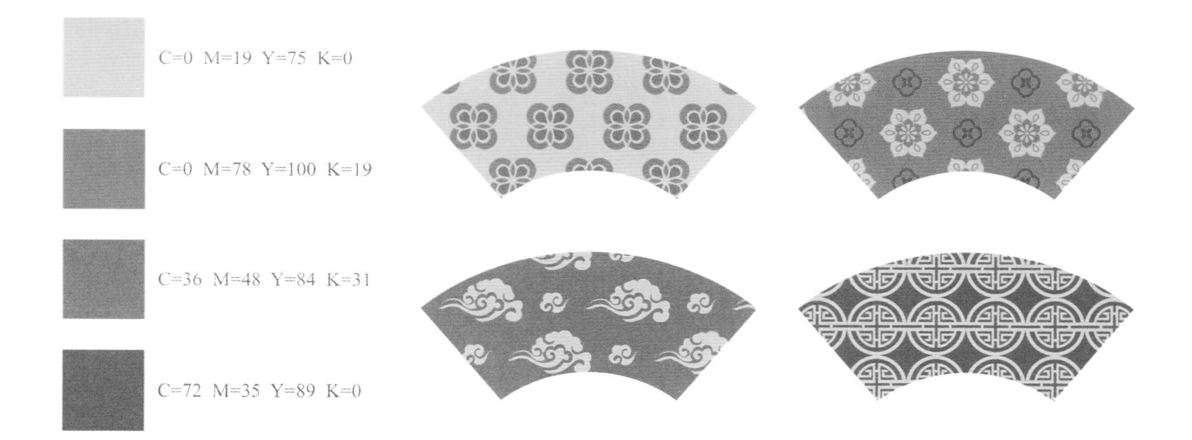
C=0 M=19 Y=75 K=0
C=0 M=78 Y=100 K=19
C=36 M=48 Y=84 K=31
C=72 M=35 Y=89 K=0

B.R

配色参考

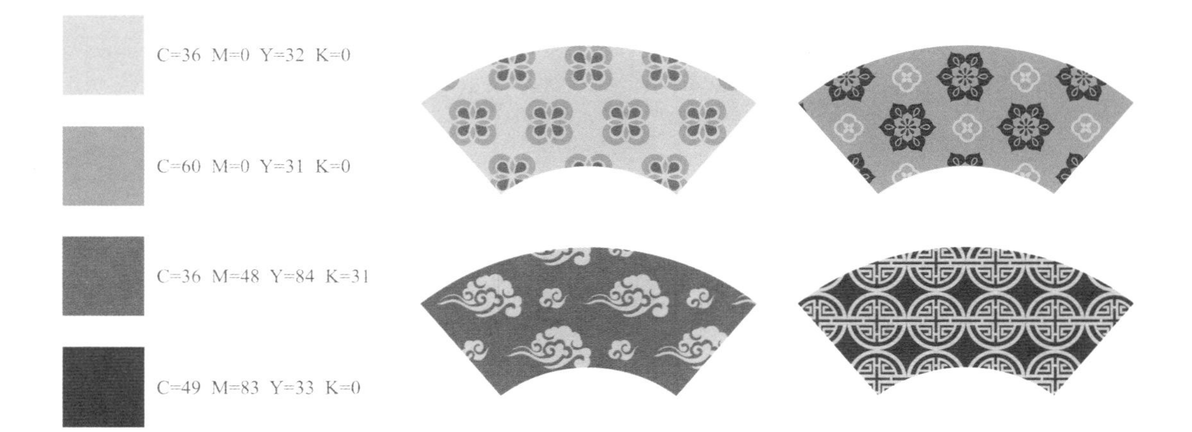
C=36 M=0 Y=32 K=0
C=60 M=0 Y=31 K=0
C=36 M=48 Y=84 K=31
C=49 M=83 Y=33 K=0

配色参考

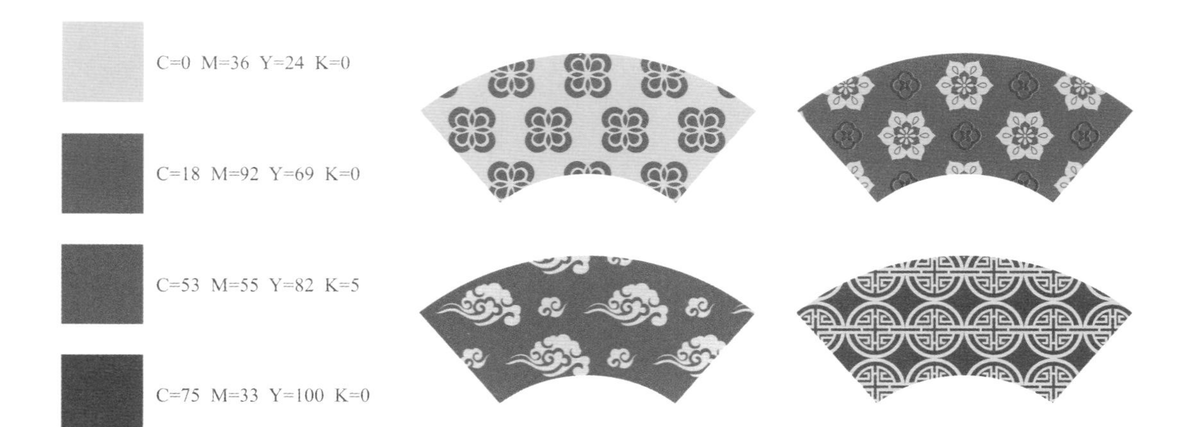
C=0 M=36 Y=24 K=0
C=18 M=92 Y=69 K=0
C=53 M=55 Y=82 K=5
C=75 M=33 Y=100 K=0